2020—2021年
全国优秀决策气象服务材料汇编

主　编：李佳英
副主编：孔祥一　杨　楠　王韫喆　刘淑贤

气象出版社
China Meteorological Press

内容简介

经过专家评选，本书收录了2020—2021年五大类共42篇国家级和省级优秀决策气象服务材料。为了提高入选材料的质量，在入选材料遴选过程中，经过了各级气象部门逐级上报、专家评审、修订、校对等多个环节，力争达到更好的应用效果，供气象服务人员参考和借鉴。希望本书对于加强决策气象服务人员业务交流，启发和拓展服务思路，提高服务的敏感性、针对性和科学性具有一定的借鉴和指导意义。

图书在版编目（CIP）数据

2020—2021年全国优秀决策气象服务材料汇编 / 李佳英主编. -- 北京 : 气象出版社, 2023.2
ISBN 978-7-5029-7926-3

Ⅰ. ①2… Ⅱ. ①李… Ⅲ. ①气象服务－决策学－中国－2020-2021 Ⅳ. ①P49

中国国家版本馆CIP数据核字(2023)第027442号

2020—2021年全国优秀决策气象服务材料汇编

2020—2021 Nian Quanguo Youxiu Juece Qixiang Fuwu Cailiao Huibian

出版发行：气象出版社
地　　址：北京市海淀区中关村南大街46号　　**邮政编码**：100081
电　　话：010-68407112(总编室)　010-68408042(发行部)
网　　址：http://www.qxcbs.com　　**E-mail**：qxcbs@cma.gov.cn
责任编辑：陈　红　　**终　　审**：张　斌
责任校对：张硕杰　　**责任技编**：赵相宁
封面设计：地大彩印设计中心
印　　刷：北京建宏印刷有限公司
开　　本：787 mm×1092 mm　1/16　　**印　　张**：11
字　　数：282千字
版　　次：2023年2月第1版　　**印　　次**：2023年2月第1次印刷
定　　价：90.00元

《2020—2021年全国优秀决策气象服务材料汇编》
编　写　组

主　　编：李佳英

副 主 编：孔祥一　杨　楠　王韫喆　刘淑贤

参编人员（按姓氏笔画排序）：

王亚伟　王秀荣　王维国　艾婉秀

陈　峪　张立生　张建忠　杨　琨

梁　科

前　言

2020—2021 年，我国天气形势复杂，灾害性天气频发。汛期暴雨过程多，部分地区极端天气性强。2021 年 7 月，河南发生破历史纪录的极端强降水，郑州国家观测站最大日降雨量 624.1 毫米，接近该站年降雨量 641 毫米。强对流天气频发，极端大风灾害重，2021 年 4 月江苏南通遭受极端大风、冰雹等强对流天气袭击，最大风速达 47.9 米/秒(15 级)。台风生成和登陆偏少，生成集中、群发性强，2020 年 8—9 月，东北地区连续遭受三个台风(第 8 号台风“巴威”、第 9 号台风“美莎克”和第 10 号台风“海神”)影响，为有气象记录以来首次，造成黑龙江和吉林等地部分农田发生内涝和作物倒伏；2021 年第 6 号台风“烟花”为 1949 年以来首个在浙江两次登陆的台风。在复杂的天气形势下，各级气象部门牢固树立大局意识、责任意识和服务意识，不断提升气象服务能力和技术水平，圆满完成了暴雨、台风、强对流、高温、沙尘、雾和霾等各类灾害性天气事件的服务工作。同时顺利完成了春运、两会、疫情防控气象服务、上海国际进口博览会等重大活动以及甘肃白银景泰突发事件的气象保障服务工作。各级气象部门恪尽职守，为国家防灾减灾贡献力量，向党中央、国务院、相关部委及当地政府及时报送决策服务信息，获得了批示和肯定，也取得了良好的服务效果。

为了促进各地、各级气象部门决策气象服务经验交流，深入提炼气象服务中的思路，提高决策气象服务业务能力，编者在参加评选国家级和省、市级决策气象服务的服务产品中，遴选出 42 篇优秀决策气象服务材料，汇编成此书。该汇编共涉及重大灾害性天气过程预报服务、天气气候监测评估与预测、生态环境保护、农业气象决策服务、防灾减灾体系建设及其他五大类内容。材料汇编过程中，得到了国家气象中心、国家气候中心、国家卫星气象中心和各省(区、市)气象局的大力支持，在此一并表示感谢！

中国气象局决策气象服务中心

目 录

第三篇　生态环境保护

第四篇　农业气象决策服务

第五篇　防灾减灾体系建设及其他

2020—2021年

全国优秀决策气象服务

材料汇编

第一篇

重大灾害性天气过程预报服务

我国出现近10年来最强沙尘天气过程，未来几天仍有沙尘天气影响西北、华北地区

杨琨[1] 张碧辉[1] 桂海林[1] 方翀[1] 张永恒[1] 杨楠[1] 郑伟[2]
(1.国家气象中心;2.国家卫星气象中心 2021年3月16日)

摘要:2021年3月14日夜间至16日上午，我国出现了大范围沙尘天气，强度为近10年最强，对我国交通运输、群众生活生产和空气质量等造成较大影响。此次过程中，蒙古国和我国西北地区干燥和裸露的地表特征为沙尘天气形成提供了有利的沙源条件，近期大气环流的剧烈调整提供了有利的动力条件。预计未来5天，西北、华北等地仍有沙尘天气，新疆、内蒙古、甘肃等局地有沙尘暴，需继续做好防范工作。近年来，在全球变暖的背景下以及我国植树造林和防沙治沙工作的开展，我国沙尘日数和过程数明显减少。但此次过程的出现表明，在极端或不利气象条件下，仍有可能出现高影响沙尘暴天气。未来需强化跨境沙尘天气的应对机制，并进一步提升沙尘天气的监测预报预警和服务能力。

一、沙尘天气特点分析

2021年3月14日，受强蒙古气旋及其后部冷空气影响，蒙古国出现了大范围强沙尘暴天气。之后随着蒙古气旋东移南下，我国14日夜间至16日也出现了大范围沙尘天气过程，具有波及范围广、强度为近10年最强、影响较重等特点，具体情况如下：

波及范围广:3月14日夜间至16日上午，西北地区、华北大部、东北地区中西部、黄淮、江淮北部等地出现大范围扬沙或浮尘，新疆南疆、内蒙古、甘肃西部、宁夏中北部、陕西北部、山西北部、河北北部、北京等地部分地区出现沙尘暴或强沙尘暴(图1)，沙尘天气影响面积超过380万平方千米。

强度为近10年最强:此次过程达到强沙尘暴强度，为近10年来我国出现的最强沙尘天气过程。北方多地可吸入颗粒物(PM_{10})峰值浓度超过5000微克/立方米。西北地区、华北、东北地区及内蒙古等地出现6～8级阵风，部分地区9～10级，内蒙古中东部、新疆北部局地达11～12级。2000—2020年，我国共出现32次大范围强沙尘暴天气过程，年均1.5次左右，主要出现在3月和4月(3月11次、4月14次)，最多的年份出现过5次(2001、2002、2006年)。本次过程从范围和强度上与2002年3月18—22日、2010年3月19—22日的过程相当。另外，北京观象台最近一次沙尘暴出现在2015年4月15日，3月最近一次沙尘暴出现在1995年3月11日。

影响较重:此次大范围沙尘天气过程不仅造成蒙古国出现人员伤亡和失踪，也对我国交

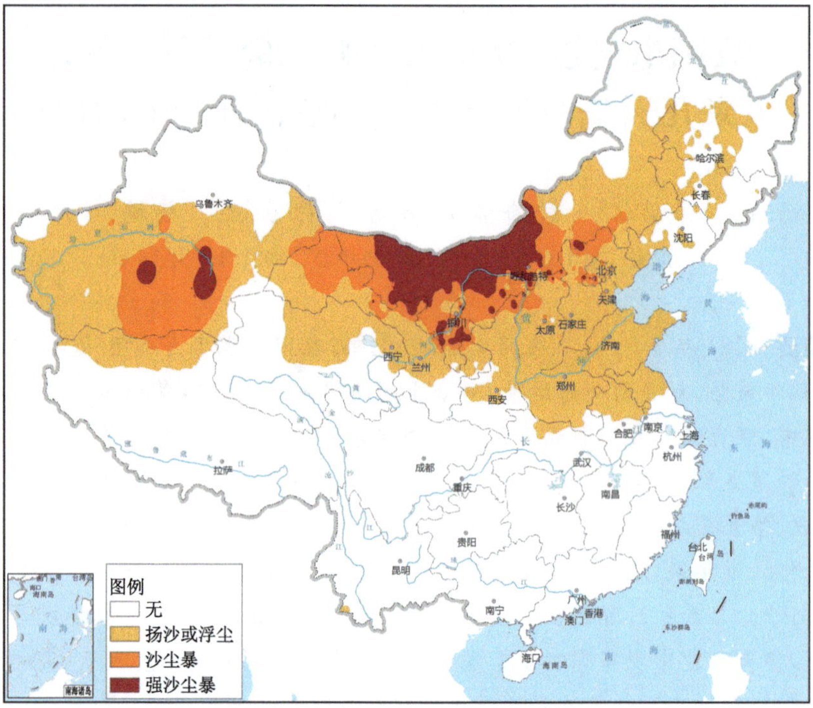

图 1　全国沙尘天气实况(3 月 14 日 08 时至 16 日 11 时)

通运输、群众生活生产等造成较大影响，引起各界关注。我国多地空气质量达到严重污染，部分地区出现航班取消或延误、高速公路临时管制、列车晚点等情况，内蒙古、甘肃、新疆等地部分地区农作物受灾和农业设施受损，内蒙古包头因沙尘天气学校紧急停课。

北京地区 15 日出现沙尘暴天气。15 日 07 时前后，沙尘暴天气开始影响北京，09 时 PM_{10} 最大浓度超过 6000 微克/立方米，上午风力逐渐增大到 4～5 级，阵风 7～8 级，最低能见度 500～800 米；下午能见度有所好转；16 日 01 时前后，沙尘区移出北京。

二、沙尘源地和成因分析

此次过程的沙尘主要源于蒙古国。根据风云气象卫星监测显示：13 日，蒙古国西部最早出现沙尘天气；14 日，蒙古国出现大范围强沙尘暴；15 日早晨，我国西北地区中东部、内蒙古、华北、东北地区西部等地开始出现大范围沙尘天气，之后向东向南发展(图 2)。沙尘天气成因主要有两个方面：

蒙古国和我国西北地区干燥和裸露的地表提供了有利的沙源条件。2020 年入冬以来，蒙古国和我国西北地区降水量较常年同期偏少，尤其是近 30 天降水普遍偏少 50%以上，大部地区少于 10 毫米甚至无降水，地表基本无积雪覆盖。此外，近期蒙古国和我国西北地区气温较常年同期偏高 5～8 ℃，加速了无积雪裸露地表扩展，大范围裸露地表为沙尘天气发生提供了有利的沙源条件。

近期大气环流的剧烈调整为沙尘天气形成提供了有利的动力条件。此次过程前的近一

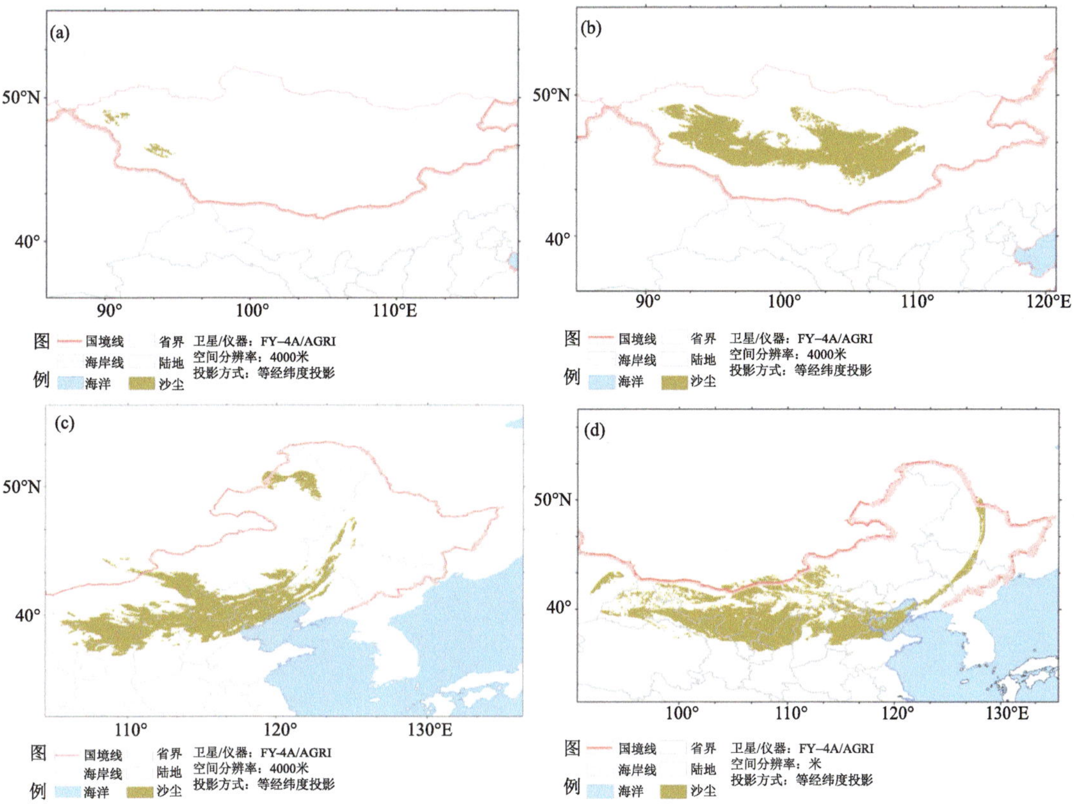

图 2 FY-4A 气象卫星沙尘监测

（a. 3 月 13 日 14 时，b. 3 月 14 日 16 时，c. 3 月 15 日 08 时，d. 3 月 15 日 15 时）

个月，欧亚中高纬度地区以纬向型环流为主。14 日开始，大气环流出现剧烈调整，西伯利亚高压增强，亚洲中纬度环流经向度加大，蒙古气旋快速发展并东移，大风卷扬起的沙尘随上升气流输送到高空，并在高空和地面偏北大风引导下，影响了我国大范围地区。

三、沙尘天气趋势

预计未来 5 天，西北地区、华北等地部分地区仍将有沙尘天气，具体预计如下：

16 日下午至夜间，西北地区、华北中南部、黄淮、江淮北部及湖北北部等地部分地区仍有扬沙或浮尘，新疆南疆盆地部分地区有沙尘暴。

17—18 日，新疆南疆盆地、甘肃西部、河南南部、安徽中部、湖北东部等地有扬沙或浮尘。

19—20 日，新疆南疆盆地、甘肃西部、内蒙古中西部、宁夏、陕西中北部、山西等地有扬沙或浮尘，甘肃西部、内蒙古西部局地有沙尘暴。

另外，预计 3 月下旬至 5 月，北方地区沙尘过程较常年同期偏少，沙尘强度总体偏弱。但由于前期沙源区气温明显偏高，冻土层解冻后沙层松动，在大气环流形势有利的情况下，仍然存在发生强沙尘天气过程的可能性。

四、关注与建议

未来 5 天我国西北地区、华北等地部分地区仍有沙尘天气，需继续做好防范措施。

近年来，在全球变暖的背景下，冬季风势力和冷空气活动总体减弱，同时我国植树造林和防沙治沙工作的开展也促进了植被覆盖状况改善，有效地减少了沙尘源地面积，使沙尘天气日数和过程数明显减少。但此次强沙尘天气过程的出现表明，在非常极端或不利的气象条件下，仍有可能出现高影响的沙尘暴天气。未来需强化跨境沙尘天气的应对机制，并进一步提升沙尘天气的监测预报预警和服务能力。

6 日开始吉林省将出现强雨雪、寒潮及大风天气

倪惠　刘海峰　刘玉汐　岳元　张梦远
（吉林省气象台　2021 年 11 月 5 日）

摘要：2021 年 11 月 6—11 日吉林省将迎来 2021 年首场明显雨雪、寒潮及大风天气。西部有暴雪、局部大暴雪，东部有大到暴雨，中部可能出现冻雨；强雨雪主要在 7 日夜间至 8 日夜间；雨雪过后气温将下降 10～16 ℃，为下半年以来新低；西部最大阵风可达8～10 级。预计此次过程影响时间长、范围广、雨雪相态复杂、灾害天气种类多，是近 10 年来吉林省历史同期出现最早、范围最大的雨雪降温天气过程，需注意防范强降雪、冻雨、寒潮、大风、大雾等带来的不利影响。

一、强雨雪、寒潮及大风天气过程预报

受高空冷涡及地面气旋强烈发展影响，预计 6 日白天开始到 11 日，吉林省将出现一次明显雨雪、寒潮及大风天气过程。西部、北部及东部偏东区域雨雪量较大，气温大幅度下降，中西部有偏北大风。

（一）降水预报

6 日至 7 日白天，白城、松原、长春、四平、辽源、吉林有雨夹雪转雪，其中白城南部、松原南部、长春西部、四平西部有中到大雪、局部暴雪。强雨雪集中时段为 7 日夜间到 8 日夜间，白城南部、松原有大到暴雪、局部大暴雪，延边东部有大到暴雨，其他地区有小到中雨夹雪转大雪，部分地方有冻雨。9—10 日，全省大部有中雪，部分地方有大雪。11 日，中东部有小雪。过程累计降水量：白城南部、松原南部、长春西部、四平西部、吉林北部、延边东部为 30～50 毫米，局部最大可达 60～80 毫米，其他地区为 15～30 毫米（图 1）。降水相态：6—8 日西部以雪为主，延边东部以雨为主，其他地区为雨夹雪、部分地方有冻雨，9—11 日以雪为主（图 2）。

（二）寒潮预报

6 日白天开始，吉林省气温自西向东明显下降，累计降温幅度可达 10～14 ℃，部分地方可达 14～16 ℃。6—12 日气温持续较低，全省平均气温较常年同期偏低 3～5 ℃，11—12 日最低气温一般为－11～－7 ℃，为 2021 年下半年以来新低（图 3）。

（三）大风预报

6—7 日，白城、松原、长春、四平、辽源有 4～5 级偏北风；8 日，白城、松原、四平西部有 6～7 级偏北风、阵风可达 8～10 级，延边东部有 5～6 级偏东风、阵风 7～9 级；9—11 日，全省大部有 4～5 级偏北风（图 4）。

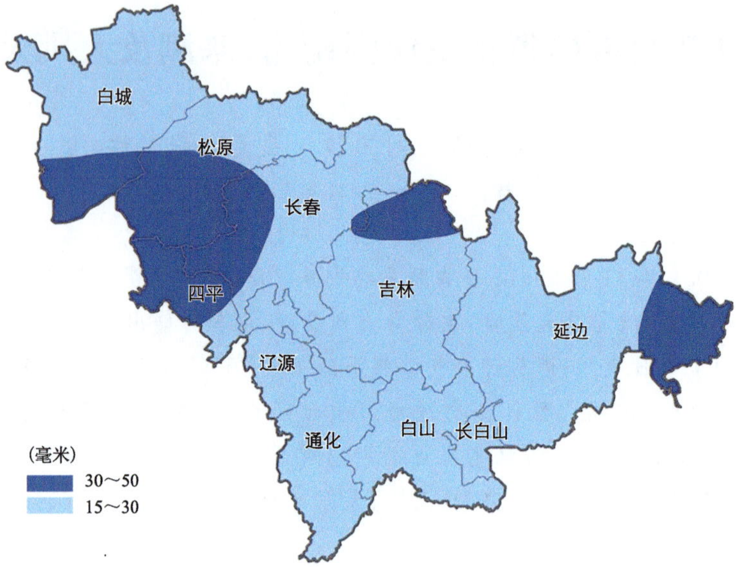

图 1　11 月 6—11 日降水预报

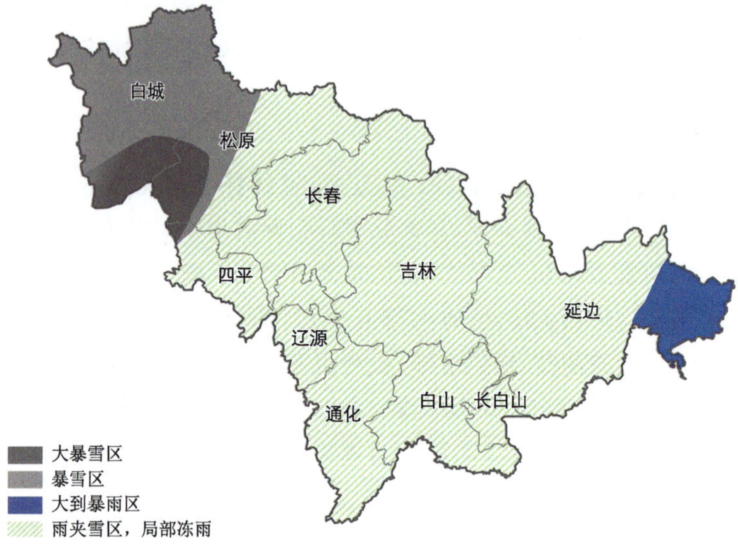

图 2　11 月 6—11 日降水相态落区预报

二、分析与建议

一是本次过程雨雪量较大，将出现路面积水、积雪或结冰，对交通影响较大，机场、铁路、公路等需加强交通安全管理，适时采取应急管控措施，做好交通疏导，减轻雨雪天气的不利影响。

二是本次过程雨雪相态转换复杂，大部分地区将出现雨夹雪或湿雪，部分地方有冻雨，

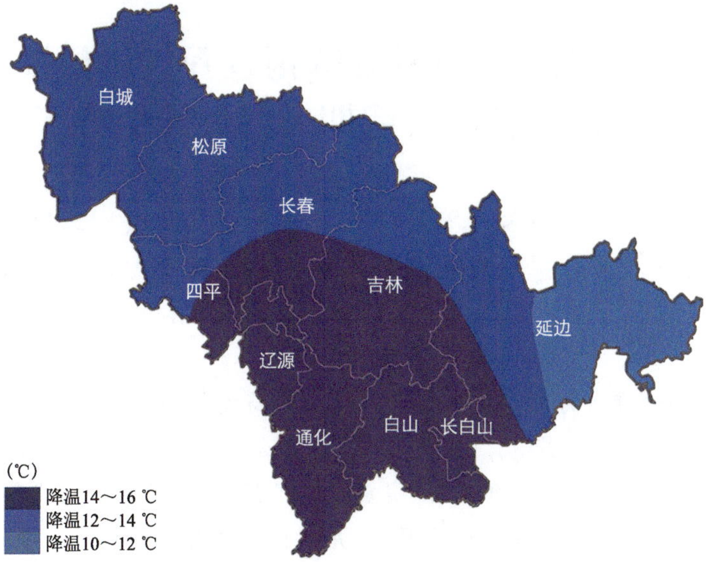

图 3　11 月 6—11 日累计降温幅度预报

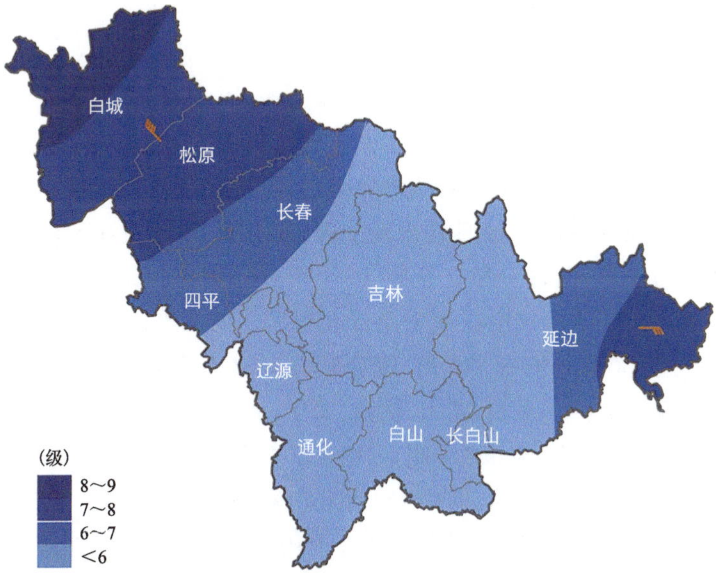

图 4　11 月 6—11 日最大阵风预报

易导致供电或通信线路积雪或结冰，各地需加强巡查和维护，提前做好预防。

三是强雨雪、寒潮、大风对设施农业有不利影响，需做好温室大棚的保温、加固，及时清除棚顶积雪，同时做好粮食存储和管护，以防雨雪淋湿发生霉变。

四是降温幅度较大、持续时间长且伴有大风，风寒效应明显，供热企业需根据天气变化科学调节供暖力度；城乡群众出行适当增添衣物，做好防寒保暖保健。

9 日以来连续性强降雨过程气象预报服务情况及后期天气气候趋势

蔡荣辉　唐杰　姚蓉　陈静静　王青霞　杨云芸　王璐　潘筱龙
张海　李易芝　邓朝平　胡媚　彭嘉栋　赵辉　黎燚隆
（湖南省气象局　2021 年 8 月 16 日）

摘要：2021 年 8 月 9—14 日湖南出现一次持续性强降雨过程，呈现持续时间长，暴雨—大暴雨覆盖范围广、落区分散，累计雨量大、单点极端性较强，短时雨强大等特点，气象部门严密组织部署、提前准确预报、及时开展递进式预警服务和精准靶向发布，全力做好强降雨气象服务，并抓住有利时机开展人工增雨作业，北部和南部地区的气象干旱基本解除。预计未来一周湖南省降雨较前期明显减弱，19—22 日为高温天气；23—27 日湘北还有一次降雨过程；8 月下旬后期至 9 月中旬全省气温偏高，降水量偏少，气象干旱可能再次发展。

一、本次过程气象预报服务情况

8 月 9—14 日湖南省出现一次持续性强降雨过程，主要呈现四个特点：一是过程持续时间长。此次过程共持续 6 天，9—14 日均出现暴雨，其中除 11 日外有 5 天大暴雨天气。二是暴雨—大暴雨覆盖范围广、落区分散。全省 14 个市（州）均出现暴雨—大暴雨天气，共出现 152 站次大暴雨，其中 139 站次集中在湘中及以北地区。三是累计雨量大、单点极端性较强。过程累计降雨量超过 100 毫米的有 846 站，覆盖面积 5.63 万平方千米；超过 200 毫米的有 93 站，覆盖面积 0.68 万平方千米；桑植、龙山、桃源、安化、永顺 5 县的 10 站超过 300 毫米，其中桑植县八大公山镇累计雨量最大，为 398.7 毫米（图 1）。四是短时雨强大，多出现在午后到夜间。过程期间共 1406 站出现短时强降水，其中 154 站小时雨强超过 50 毫米，其基本发生在午后至夜间（15 时至次日 08 时），其中安化小淹镇最大小时雨强达 122.4 毫米（9 日 19—20 时）。

湖南省气象部门认真落实党中央、国务院指示精神，按照省委、省政府和中国气象局决策部署，全力做好本次强降雨过程气象保障服务。一是严密组织部署。省局刘家清局长、分管局领导每日参加会商研判，3 次召开视频会议传达省领导批示指示精神，部署强降雨天气过程气象保障服务工作。8 月 10—16 日启动气象灾害（暴雨）Ⅳ级，各单位主要负责人和带班领导在岗值班，重要业务岗位双岗值班，相关单位和人员全力以赴做好应急保障气象服务。二是提前准确预报。8 月 9 日发布《重大气象信息专报》，指出“9—14 日湘中及以北地区有一次持续性强降雨过程需加强防范山洪地质灾害”，过程期间，滚动发布《气象信息快报》12 期。各市（县）气象局发布气象服务产品 349 期。三是及时开展递进式预警服务。刘

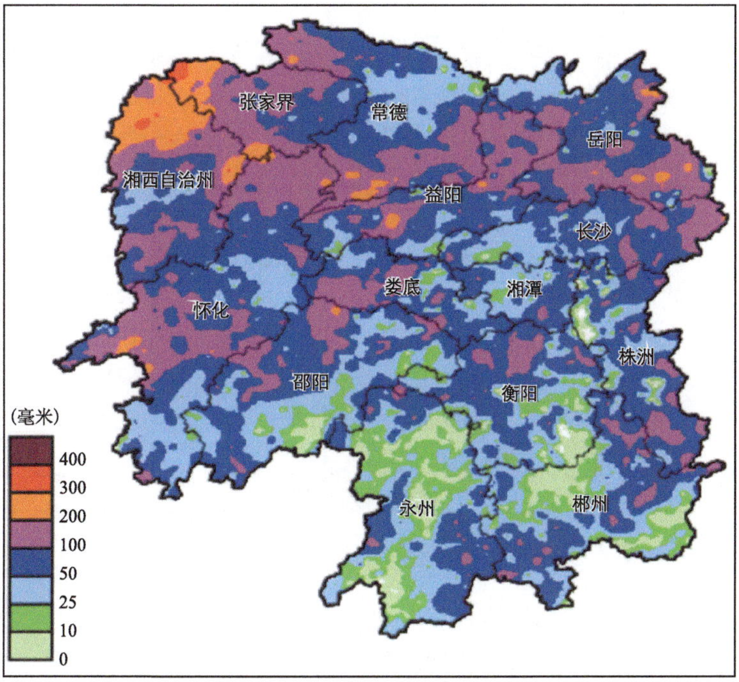

图 1 湖南省累计降雨量实况(2021 年 8 月 9 日 08 时至 15 日 08 时)

家清局长每日两次向湖南省谢建辉常务副省长、隋忠诚副省长汇报未来 12 小时短时临近预警情况,助力做好强降雨防范重点地区、重点时段的精准调度。面向省、市、县、乡、村五级防汛责任人提前发布暴雨预警和预警信号 171.99 万人次,发布精准到乡村的强降雨临灾警报 58.05 万人次。四是精准靶向发布预警信息。面向社会公众全网精准靶向发布暴雨红色预警信号 35 县次、强降雨红色临灾警报 902.8 万人次。面向切坡建房户发布地质灾害风险临近预警 76.35 万人次。五是适时开展人工增雨作业。加密会商研判人工增雨作业时机与条件,长沙、湘潭、衡阳、邵阳、常德、益阳、郴州、永州、怀化、娄底、湘西 11 市(州)41 县(市)在做好防汛抗灾基础上,抓住有利天气条件开展地面人工增雨作业 76 次、人工防雹作业 4 次。

二、气象干旱监测

气象干旱监测显示,经过本次强降雨过程,省内气象干旱覆盖范围由 8 月 8 日的 68 个县、市、区,面积 13.12 万平方千米(图 2a),减少到 15 日的 16 个县、市、区,面积 1.01 万平方千米;气象干旱强度由 8 日的城步、邵阳县、洞口、慈利和新化重旱,减轻为祁阳、慈利、邵阳县、新邵的中旱(图 2b)。总体上,省内气象干旱基本解除。

三、后期天气气候趋势分析

(一)未来一周天气预报

未来一周湖南省降雨较前期明显减弱,19 日起高温天气逐步发展。16—17 日受低空辐

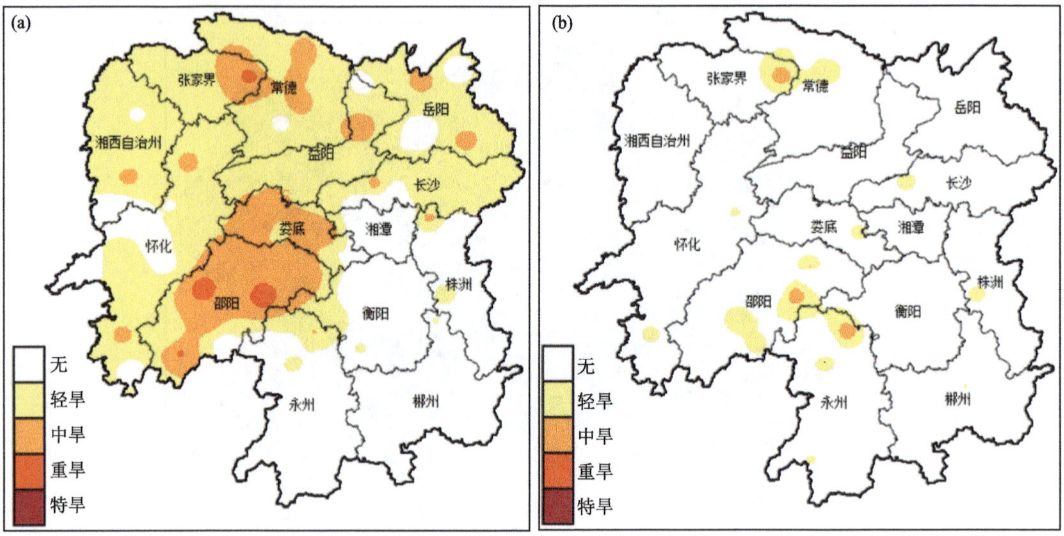

图 2　湖南省气象干旱监测(a. 8 月 8 日，b. 8 月 15 日)

合切变影响，湘西、湘南、湘东北局地仍有大到暴雨；18—22 日受副热带高压和南风控制，省内以多云天气为主，部分地区午后有阵性降雨；19 日起高温天气逐步发展，部分地区最高气温将达 35～37 ℃。具体预报如下：

16 日，湘西、湘南多云间阴天有小到中等阵雨或雷阵雨，其中湘西州南部、怀化中北部、衡阳南部、郴州、永州南部局地大到暴雨，其他地区多云有分散性阵雨或雷阵雨(图 3a)。

17 日，湘西、湘东北多云间阴天有小到中等阵雨或雷阵雨，其中岳阳北部、湘西州南部、怀化、邵阳南部、娄底西部局地大到暴雨，其他地区多云有分散性阵雨或雷阵雨(图 3b)。

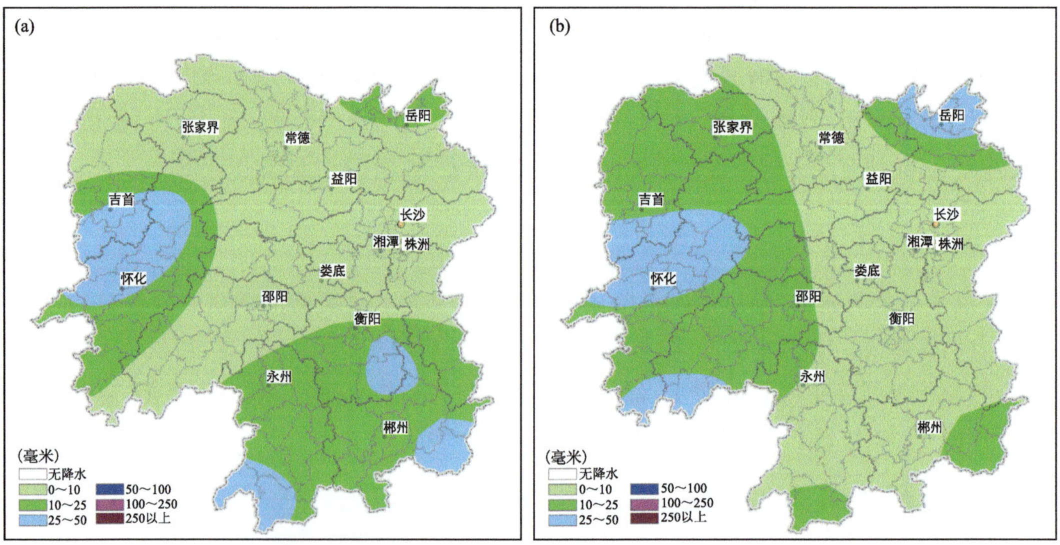

图 3　湖南降水量预报(a. 8 月 16 日，b. 8 月 17 日)

18 日，全省多云，大部分地区有阵雨或雷阵雨，其中湘西州、怀化北部局地中雨（图 4）。

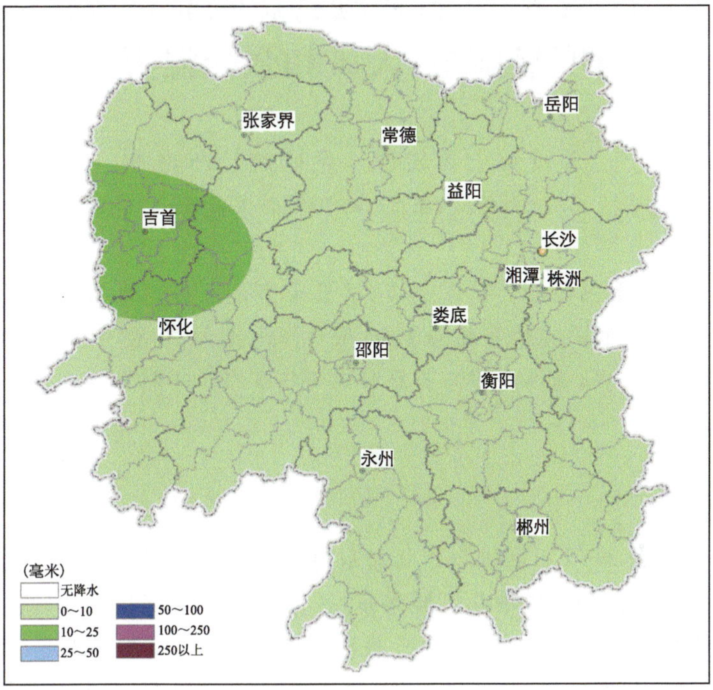

图 4　湖南降水量预报（8 月 18 日）

19—22 日，晴天间多云，部分地区午后有阵雨或雷阵雨，最高气温将达 35～37 ℃。

（二）后期气候趋势预测

8 月 23—27 日湘北有一次降雨过程，其他地区以多云天气为主。预计，8 月下旬后期至 9 月中旬全省平均气温较常年同期偏高，其中湘中及以北地区偏高 1 ℃以上；累计降水量偏少，其中湘中及以北地区偏少 2 成。湖南省大部地区温高雨少，蒸发量大，气象干旱可能再次发展。

四、关注与建议

一是注意防范局地较强降雨可能引发的地质灾害。前期过程累计雨量大、山区岩土体含水量饱和，16—17 日局地仍有分散性较强降雨发生，鉴于降雨引发的地质灾害具有滞后性，仍需警惕地质灾害风险。

二是关注雷电、短时强降水等强对流天气。尤其注意防范午后单点短时强降水可能引发的山洪和城市内涝；户外活动注意防范雷电。

三是 8 月下旬至 9 月中上旬省内有阶段性高温，气象干旱可能再次发展。建议加强水库蓄水保水，在保证防汛安全的情况下，抓住有利天气条件适时开展人工增雨作业。

11 月 6—7 日寒潮将影响北京市，有明显雨雪、大风和强降温天气

王媛媛　吴宏议　李晓艳　张琳娜
（北京市气象台　2021 年 11 月 4 日）

摘要：受寒潮影响，2021 年 11 月 6—7 日北京地区将出现明显雨雪、大风和强降温天气。此次过程具有雨雪相态复杂、累计降水量大、气温下降幅度大、风力强、有一定极端性等特点，需高度防范此次寒潮天气带来的不利影响。

一、天气预报

受寒潮影响，11 月 4—7 日我国自西北向东南有一次大风降温天气过程，中东部地区有较强雨（雪）。经与中央气象台、华北区域各省（区、市）和在京部队气象台联合会商，预计北京地区 6—7 日将出现明显雨雪、大风和强降温天气，有望出现今年入冬以来的首场降雪。北京市气象台将适时发布寒潮、大风和道路结冰预警信号。此次寒潮过程具有以下特点：

雨雪相态复杂、累计降水量大。5 日夜间自西向东出现小雨；6 日白天雨势逐渐明显，山区转为雨夹雪或雪；6 日夜间平原地区由雨转雪，山区为雪；7 日上午仍有降雪，午后减弱结束。此次过程最明显的雨雪时段为 6 日白天至 7 日上午。全市平均降水量 20～40 毫米，其中平原地区降雪量 5～12 毫米（大雪，北部山区暴雪，图 1），积雪深度 5～10 厘米；山区降雪量 10～15 毫米，局部地区可超过 25 毫米，积雪深度 10～30 厘米。

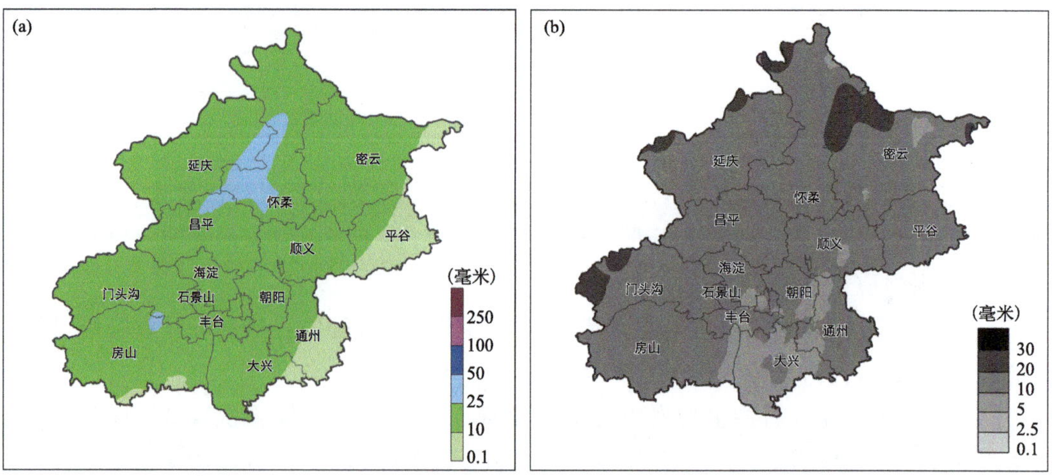

图 1　6 日 08 时至 7 日 02 时降雨落区预报(a)和 7 日 02 时至 7 日 14 时降雪落区预报(b)

关键区域降水情况：中心城区和城市副中心降水量 20～45 毫米，其中降雪量 6～10 毫米，积雪深度 2～6 厘米；冬奥海陀山降水量 20～30 毫米，其中降雪量 8～15 毫米，积雪深度 15～25 厘米。

气温下降幅度大。受冷空气和雨雪天气影响，6—7 日气温大幅度下降，48 小时气温下降 10～14 ℃，7 日达到最低点。平原地区 7 日白天最高气温 2 ℃左右，夜间最低气温－4 ℃左右，山区最低气温－8 ℃左右。8 日起气温缓慢回升(图 2)。

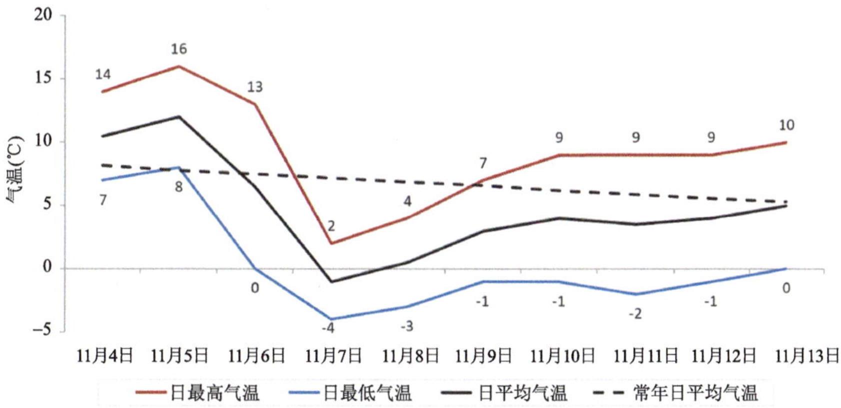

图 2 未来 10 天观象台逐日气温预报曲线

风力强、持续时间较长。6 日下午至 7 日白天有 5 级左右偏北风，阵风可超过 8 级，山区阵风 9～10 级；7 日夜间平原地区风力有所减弱。受补充冷空气影响，9 日仍有 3、4 级偏北风。

具有一定极端性。一是此次雨雪过程降水量大，预计观象台日降水量可达历史同期第 2 位(历史第 1 为 2012 年 11 月 4 日，日降水量 48.9 毫米，表 1)。二是初雪发生时间早，预计可达历史第 6 位、近 10 年第 2 位(最早初雪日出现在 1987 年 10 月 31 日，近 10 年来最早出现在 2012 年 11 月 4 日)。三是气温低，预计 7 日夜间观象台最低气温有望跌破近 10 年同期的最低值(近 10 年同期观象台极端最低值－4.0 ℃，出现在 2016 年 11 月 1 日，表 2)。

二、防范建议

(1)5 日夜间至 7 日上午有明显雨(雪)天气，地表温度低，易造成积雪和道路结冰，需防范对交通运输、电力传输和通讯等的不利影响。

(2)目前树木枝叶仍较繁茂，强降雪和大风易造成树枝折断和树木倒伏，需及时除雪，做好古树、行道树木等的防护措施。

(3)请做好露地和设施蔬菜的抢收和防冻工作，及时做好农业大棚等设施的加固、积雪清扫，防止积雪压塌棚室。

(4)对简易房、临时搭建物、围栏等临时设施进行加固，确保能承受雪压风吹，及时清理顶部积雪；危险场所及时转移人员至安全地带。

(5)6—8 日气温大幅度下降，对城市供热、供电、供气等将带来一定压力，请相关部门做好能源调度和供应保障工作。

(6)6—7 日北风较大，请相关部门做好室外搭建物和广告牌等加固、户外高空作业安全防护等工作。

(7)风寒效应明显，体感十分寒冷，请公众注意防寒保暖，谨防感冒和心脑血管疾病发生。另外，燃煤取暖居民需注意防范一氧化碳中毒。

表 1　11 月上旬历史同期观象台日降水量排序

排序	日降水量(毫米)	出现日期(年-月-日)
1	48.9	2012-11-04
2	22.9	2003-11-07
3	22.5	2012-11-03
4	17.1	2019-11-10
5	15.7	2009-11-01
6	12.5	2001-11-04
7	10.2	1987-11-01
8	9.8	1992-11-07
9	8.9	2015-11-06
10	7.8	2004-11-09

表 2　近 10 年 11 月上旬观象台极端最低气温排序

排序	极端最低气温(℃)	出现日期(年-月-日)
1	−4.0	2016-11-01
2	−1.7	2017-11-04
3	−1.4	2018-11-07
4	−0.6	2014-11-08
5	−0.1	2020-11-04
6	0.3	2013-11-10
7	0.4	2012-11-06
8	0.5	2019-11-08
9	0.7	2015-11-07
10	0.9	2011-11-10

台风“烟花”气象评估报告
——影响时间和过程总雨量为1951年以来登陆浙江省台风之最

陈海燕　许浩恩　王霁吟　贾燕　严洌娜
（浙江省气象台　2021年7月29日）

摘要：“烟花”是1949年有气象记录以来首个在浙江省内两次登陆的台风，具有路径复杂、移速慢、影响时间超长、过程总雨量破纪录等特点。浙江省持续降雨时间（7天）打破全省登陆台风的影响时间最长纪录，浙江省过程总雨量（191毫米）打破全省登陆台风最大纪录，余姚等4个县（市、区）平均雨量超过400毫米，单站最大余姚大岚镇丁家畈1034毫米打破全省登陆台风过程雨量极值。余姚等37个县（区、市）382个乡镇（街道）风雨影响致灾强度等级为特重。“烟花”对四明山区等浙北东部的暴雨影响与1323号台风“菲特”相当或略强。

一、台风“烟花”及风雨影响特点

2021年第6号台风“烟花”于7月25日和26日先后在浙江省舟山普陀区、嘉兴平湖市登陆。受其影响，22—28日全省持续出现强降雨和大风天气。“烟花”及其对浙江影响具有以下特点：

（1）路径复杂、移速慢，是首个在浙江省内两次登陆的台风。6号台风“烟花”先后与7号台风“查帕卡”、8号台风“尼伯特”共存并相互作用，同时副热带高压偏北偏东，引导气流偏弱，致使“烟花”移动路径多变，走出了北移、西折、南落、停滞等“花式”路径。“烟花”移速慢，尤其在浙江省滞留期间移速约6千米/时。“烟花”于25日12时30分在舟山普陀区第一次登陆，登陆时中心附近最大风速38米/秒（13级），中心最低气压965百帕；进入杭州湾后，26日09时50分在平湖市沿海再次登陆，登陆时中心附近最大风速28米/秒（10级），中心最低气压978百帕。1949年有气象记录以来，“烟花”为首个在浙江省内两次登陆的台风。

（2）风雨影响时间长，持续降雨时间打破浙江省登陆台风最长纪录。“烟花”个头大、移速慢，尚未进入东海其外围云系就开始影响浙江省，25日中午登陆舟山后在舟山本岛滞留5小时，然后沿杭州湾南岸海岸线缓慢移动长达16小时，致使浙北东部地区持续出现暴雨—大暴雨，局地特大暴雨；26日上午二次登陆并在嘉兴市缓慢移动约7小时，傍晚移出浙江省后基本沿着浙江省与江苏的省界缓慢西北行，继续给浙江省北部地区带来暴雨，局地大暴雨。浙江省降雨自22日开始，至28日影响才结束，风雨影响时间长达7天之久，打破浙江省登陆台风影响时间最长纪录。

（3）累计降雨总量大，过程总雨量打破浙江省登陆台风最大纪录。22日08时至28日08时，全省平均雨量191毫米，破全省登陆台风纪录（原最大雨量为0716号台风“罗莎”171毫米）。其中，宁波市平均雨量360毫米、舟山市334毫米、绍兴市331毫米、湖州市256毫米、嘉兴市230毫米、杭州市209毫米，均破1951年以来全省登陆台风纪录（表1）；有20个县（市、区）平均雨量超过300毫米，其中4个超过400毫米，最大余姚468毫米；有311个乡镇（街道）累计雨量超过300毫米（约1.95万平方千米），其中66个超过500毫米（约3386平方千米）；单站最大余姚大岚镇丁家畈达1034毫米，打破全省登陆台风过程雨量极值记录（原第一为0414号台风“云娜”影响乐清砩头916毫米）。27个国家级气象站的过程雨量打破1951年以来全省登陆台风纪录（表2）。

表1　11市过程面雨量及破纪录情况（登陆台风）

破纪录市	过程雨量（毫米）	历史过程雨量极值（毫米）（台风编号）	未破纪录市	过程雨量（毫米）
宁波	360	244(1909)	台州	182
舟山	334	244(0716)	金华	141
绍兴	331	183(0716)	温州	96
嘉兴	230	201(1909)	衢州	66
湖州	256	191(1909)	丽水	59
杭州	210	170(5612)		

表2　国家级气象站过程雨量破纪录情况（登陆台风）（单位：毫米）

地区	站名	“烟花”过程雨量	历史过程雨量极值（台风编号）	站名	“烟花”过程雨量	历史过程雨量极值（台风编号）
杭州市	杭州	290	248(0716)	临安	190	165(9015)
	萧山	251	207(9015)	桐庐	174	172(9015)
湖州市	湖州	229	186(0716)	安吉	298	207(1211)
	德清	231	178(1909)			
嘉兴市	嘉兴	260	225(1909)	海宁	226	177(1909)
	海盐	247	184(1909)	嘉善	266	237(1909)
	桐乡	219	163(0716)	平湖	333	324(2004)
宁波市	奉化	418	237(0716)	镇海	350	265(1909)
	慈溪	345	202(1909)	石浦	235	228(7413)
	余姚	404	228(1509)	鄞州	307	211(1211)
绍兴市	绍兴	460	177(0716)	新昌	233	222(0716)
	诸暨	274	226(9015)	嵊州	196	192(9015)
舟山	岱山	477	261(1909)	嵊泗	351	236(9711)
	定海	481	339(0509)	普陀	311	241(0716)

(4)浙北沿海大风持续时间长,大风强度强。受“烟花”影响,浙江省沿海海面和东部地区出现大范围持续性大风,其中浙北沿海 10 级以上大风持续 40 小时,12 级以上大风持续 20 小时。浙中北沿海海面及舟山、宁波地区阵风 11～13 级局部 14～15 级,15 级以上的有椒江区虾浦 48.4 米/秒(15 级)、岱山泥螺山 48.1 米/秒(15 级)、嵊泗徐公岛 47.1 米/秒(15 级)。

二、台风“烟花”风雨综合致灾强度分析

(一)37 个县(区、市)风雨致灾强度为“特重”等级

“烟花”以台风强度进入东海,以台风强度登陆舟山,在第二次登陆嘉兴平湖之前长时间在杭州湾稳定少动,水汽不断得到补充,一直维持台风强度。因此,浙北东部地区长时间出现 10 级以上大风,持续出现暴雨大暴雨局部特大暴雨,部分地区暴雨日数长达 4 天,致灾强度强,特重影响范围大。根据风雨影响综合评估(图 1),余姚、上虞、诸暨、奉化、定海、平湖等 37 个县(区、市)382 个乡镇(街道)为“特重”等级,11 个县(市、区)47 个乡镇(街道)为“严重”等级。

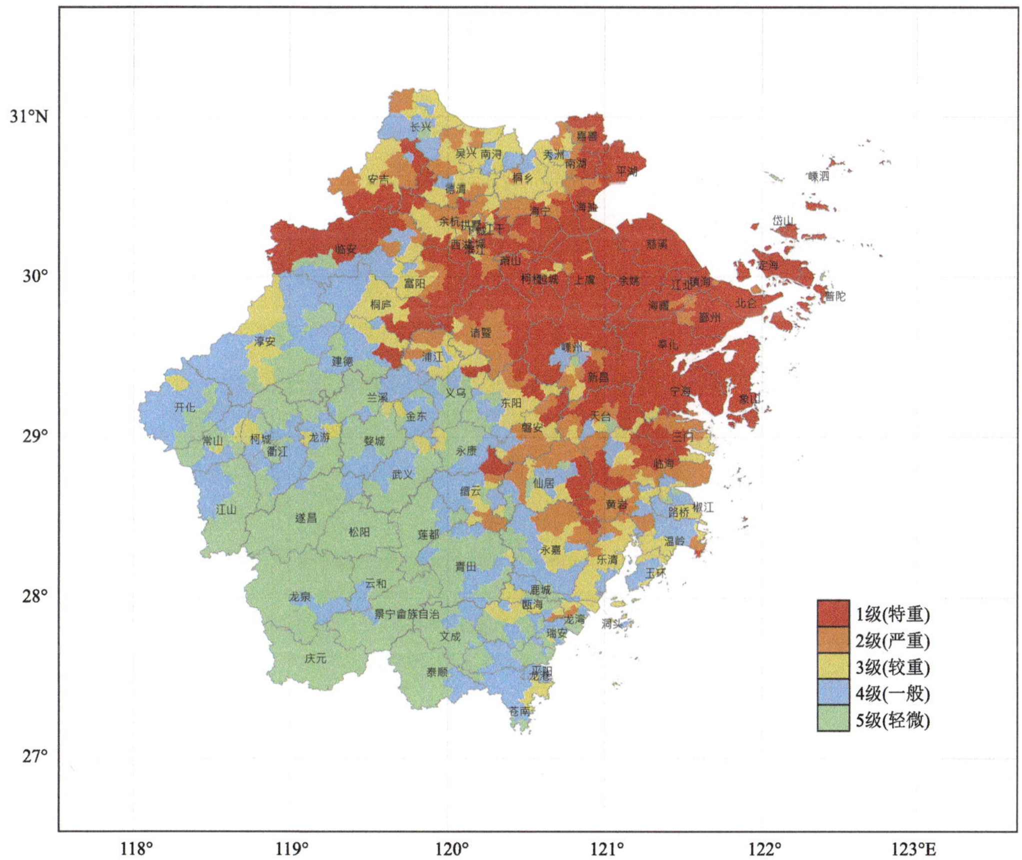

图 1　台风“烟花”风雨致灾强度评估

（二）浙北部分地区暴雨影响与1323号台风“菲特”相当或略强

浙北地区地势西高东低，东部为杭嘉湖平原、宁绍平原，河网密布，大中城市众多，台风暴雨极易发生内涝。在1951年以来所有影响浙江省台风中，“菲特”台风暴雨影响排第1位。从全省来看，台风“烟花”风雨影响次于“菲特”（表3）；从浙北地区的暴雨影响来看，平均过程雨量两者基本相当，降雨强度系数*“烟花”低于“菲特”，但降雨量500毫米以上乡镇数“烟花”多于“菲特”（两者都集中在四明山区），四明山区的单站过程雨量极值“烟花”远大于“菲特”，单站日极值相当；宁波、绍兴两市面雨量300毫米以上区（县）个数相当（表4）；综合分析，“烟花”台风对四明山区等浙北东部的暴雨影响与1323号台风“菲特”相当或略强。

“烟花”实现了大灾损失轻，这主要得益于省委、省政府科学有效的台风防御组织工作，以及浙江省日益完善的基础设施等。

表3 “烟花”与“菲特”台风风雨影响对比（总体）

台风（编号）	登陆情况		降水情况					大风情况	
	时间	强度	总体降雨情况	200毫米以上县（区）数（个）	300毫米以上乡（镇）数（个）	500毫米以上乡（镇）数（个）	极值	过程风力	极值风速
“菲特”（1323）	10.7	14级	全省平均207毫米，沿海和浙北300～500毫米	53	431	49	安吉天荒坪1056毫米	沿海10～14级局地16～17级	苍南石砰山76.1米/秒
“烟花”（2106）	7.25	13级	全省平均191毫米，浙北和浙中东部200～500毫米	46	311	66	余姚丁家畈1034毫米	浙中北沿海11～13级局部14～15级	椒江虾浦48.4米/秒

表4 “烟花”与“菲特”台风浙北暴雨影响对比（浙北东部）

台风（编号）	平均过程雨量	平均降雨强度系数	宁波、绍兴面雨量300毫米以上区（县）数（个）	区（县）面雨量前三情况	单站过程雨量极值	单站日雨量极值
“菲特”（1323）	257毫米	0.86	11	余姚449毫米、奉化433毫米、上虞409毫米	余姚上王岗718毫米	余姚上王岗536毫米
“烟花”（2106）	262毫米	0.73	12	余姚市468毫米、奉化区426毫米、柯桥区419毫米	余姚丁家畈1034毫米	余姚丁家畈533毫米

* 降雨强度系数由总雨量和日极值两个指标组成。

2021年第6号台风“烟花”预报服务总结

于群　孟宪贵　聂鑫　丛春华　王建波
（山东省气象局　2021年8月4日）

摘要：2021年7月27—30日，受第6号台风“烟花”影响，山东省出现大范围的暴雨到大暴雨、部分地区特大暴雨，鲁南多个台站日降水量突破或接近7月历史极值。台风“烟花”的特点是移动速度慢、持续时间长、降雨强度大、影响范围广。山东省气象部门各单位严格落实职责分工，全力以赴投入“烟花”的预报服务工作，充分发挥了气象防灾减灾救灾“第一道防线”作用。26日至29日，山东省气象局连续4天参加全国加密和早间会商发言及海河流域、华东区域会商，启动Ⅲ级应急响应持续65小时。省气象台提前预报服务，预警发布早，预报与实况相对吻合。决策服务和公众服务效果显著，灾害影响相对较轻。

一、台风“烟花”概况及特点

2021年第6号台风“烟花”于7月18日02时在西北太平洋洋面生成，25日12时30分在浙江省舟山市定海区登陆（台风级，风力13级，风速38米/秒），29日09时20分从济宁市鱼台县进入山东，强度为热带低压级，中心附近最大风力7级（15米/秒），30日05时进入渤海，对山东省的风雨影响明显减弱。受其影响，7月27—30日，山东出现大范围的暴雨到大暴雨，部分地区特大暴雨，此次台风过程有以下特点：

一是移动速度慢、持续时间长。台风“烟花”25日12时30分在浙江省舟山市定海区登陆后移动缓慢，登陆30小时后（27日18时）开始影响山东省产生降雨，93小时后（29日09时20分）在济宁市鱼台县进入山东省，随后以每小时15～20千米的速度向北偏东方向移动。自27日18时至30日05时降雨结束，台风持续影响山东省59小时。

二是降雨强度大。受台风“烟花”影响，27日18时至30日06时，山东省平均降水量93.2毫米，折合水量约146.3亿立方米，过程最大降水量出现在临沂蒙阴雨王庙（305.8毫米），临沂平邑葛针尧292.6毫米、临沂蒙阴龙凤峪290.5毫米（图1）。28日，枣庄台儿庄日降水量182.7毫米，突破本站7月历史极值；峄城（176.0毫米）日降水量为本站7月历史第2位多值，薛城（154.1毫米）日降水量为本站7月历史第3位多值。台儿庄（182.7毫米）、薛城（154.1毫米）2站达到极端降水事件标准。

三是影响范围广。全省普遍出现降水，各市平均过程降水量（毫米）：枣庄191.5毫米、临沂166.2毫米、济宁146.4毫米、德州125.1毫米、菏泽116.9毫米、聊城101.7毫米、泰安99.3毫米、济南97.6毫米、日照84.5毫米、淄博79.7毫米、滨州79.5毫米、东营57.8毫米、潍坊41.7毫米、青岛41.4毫米、烟台22.8毫米、威海10.7毫米。其中，超过250.0毫

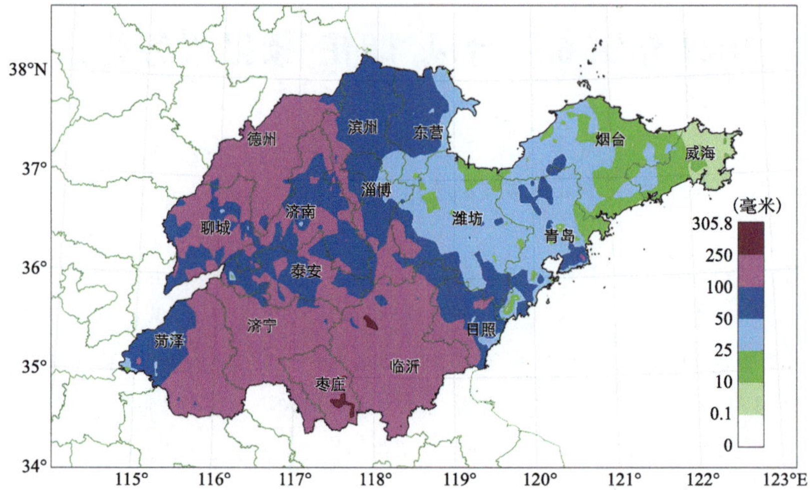

图 1　2021 年 7 月 27 日 18 时至 30 日 06 时山东省降水量分布

米的有 13 个站，100.0～250.0 毫米有 790 个站，50.0～100.0 毫米有 547 个站。

二、灾情及影响

受台风“烟花”影响，枣庄、泰安、临沂、菏泽 4 市部分地区玉米倒伏、棉花受淹，部分房屋进水。据核定，全省共有受灾人口 24.75 万，无人员伤亡；农作物受灾面积 23.1 千公顷，成灾面积 3.9 千公顷，绝收面积 953.8 公顷；倒塌房屋 21 间，严重损坏房屋 17 间，一般损坏房屋 25 间；造成直接经济损失 6976.3 万元，其中农林牧渔业损失 6654.3 万元。

三、监测联防

加强值守和巡视，确保全省气象观测网和信息通信运行正常。全省观测及技术装备保障人员全员在岗值守，加强装备巡视维护，确保信息网络系统正常运行及信息传输畅通；为应急响应提供高优先级的信息传递渠道，确保视频会商系统与省政府总值班室和省应急指挥中心 24 小时保持联通。

积极开展天气会商联防。26—29 日，山东省气象局连续 4 天在全国加密会商、早间天气会商中发言，接受国家级业务指导。参加 2 次海河流域会商、1 次华东区域会商。每日组织全省会商、加密会商，指导市级台站发布、更新预警信号并进行联防。同时，与省应急管理厅、水利厅、自然资源厅进行连续会商，切实做好部门联防联动。

四、应急响应

及时启动应急响应。山东省气象局于 7 月 27 日 15 时 30 分启动暴雨Ⅲ级应急响应，30 日 08 时 30 分终止响应，共持续 65 小时。全省各级气象部门共启动或调整应急响应 114 次，其中Ⅱ级 14 次，为枣庄、德州市及所辖县气象局提升的暴雨应急响应；Ⅲ级 108 次，均为暴雨应急响应；Ⅳ级 12 次，为青岛及所辖县气象局启动的台风应急响应(图 2)。

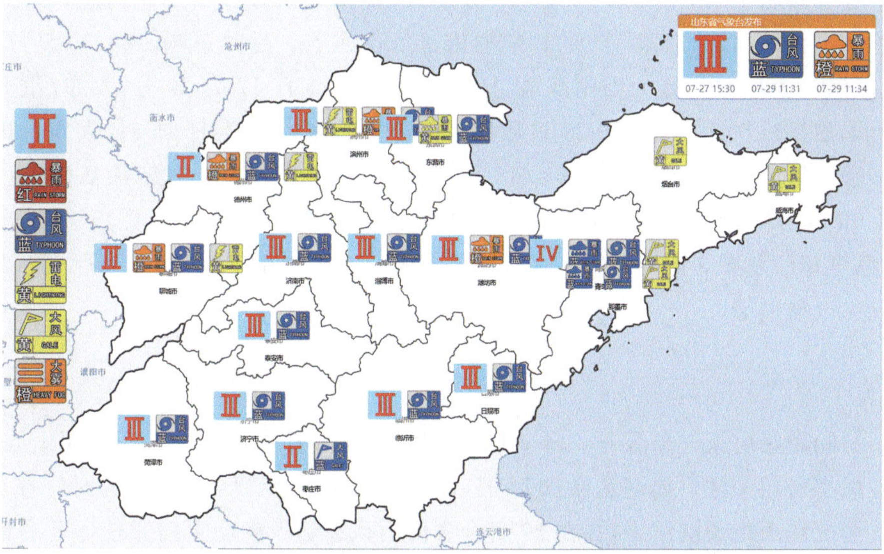

图 2　2021 年 7 月 29 日 14 时山东省气象灾害预警与应急响应示意

加强领导应急值守处置。山东省气象局坚决贯彻落实习近平总书记关于防汛救灾工作的重要指示精神，和省委刘家义书记在防御台风“烟花”工作调度会上的讲话要求，以及中国气象局关于防台风气象服务的各项工作部署，切实把思想和行动统一到党中央决策部署上来，全力以赴做好台风防御气象保障服务。应急响应期间，实行全天应急值班值守制度，山东省气象局主要领导、分管领导和值班领导严格遵守汛期带班制度，昼夜坚守在业务一线和省应急指挥中心，参加每次全国、全省天气会商，督导各地做好台风应对服务工作。27 日下午，山东省气象局庞鸿魁局长就台风防御和防汛工作主持召开全省视频会议，安排部署“烟花”预报服务工作。张洪广副局长赴滨州参加漳卫河流域防汛现场调度会。张志光副局长坚守省局会商大平面。27—29 日，曾沁副局长带队赴枣庄、临沂、泰安市现场指导、督查防台风气象服务工作。

五、预报预警

提早预报服务。全省各级气象部门密切关注台风“烟花”动向，均提前发布重要天气预报，为政府防台抗台及时提供决策依据。7 月 22 日开始，省气象台每日向省委、省政府提供台风动向分析，25 日发布“第 6 号台风‘烟花’趋势预报”，此后滚动发布预报预警。

预警发布早。台风“烟花”外围云系自 27 日 18 时开始影响山东省，省气象台提前 25 小时发布台风蓝色和暴雨橙色预警信号，鲁南地区枣庄及市(县)气象台提前 24 小时发布暴雨和大风预警信号。台风影响期间，全省发布和升级 255 个台风、暴雨等灾害性天气预警信号，各市县气象台发布暴雨红色预警信号 40 个、橙色预警信号 94 个。

预报准确。提前 2 日对台风路径、登陆时间、登陆地点、降水落区、降水强度、大风等级等做出了持续、稳定、准确的预报，与实况吻合较好，距台风登陆山东提前 45 小时。

山东省气象局于7月25日17时35分发布《重要天气预报—台风消息—第6号台风“烟花”趋势预报》:预计“烟花”于29日从鲁南进入山东省。受其影响,28—30日,山东省有明显降水过程,大部地区有大雨到暴雨,局部大暴雨。26日17时20分,发布《重要天气预报——台风预报》:预计“烟花”于29日从鲁东南进入山东省。27日15时,发布台风蓝色预警信号和暴雨橙色预警信号,并于28日、29日继续发布,29日16时解除暴雨橙色预警信号,30日06时解除台风蓝色预警信号并发布海上大风警报。27—29日,联合省自然资源厅、省应急管理厅发布3期地质灾害气象风险预警。27—28日,联合省水利厅发布2期山东省山洪灾害气象预警。

六、气象服务

第一时间做好决策气象服务。自7月18日台风“烟花”在西北太平洋洋面生成,山东省气象局即保持密切关注。庞鸿魁局长24日、28日2次通过视频会商系统向时任省长李干杰汇报天气情况和预报预测结果,并在27日全省防台风视频调度会上向时任省委书记刘家义汇报台风预报服务工作,为省委、省政府科学组织台风防御提供了有力支撑,赢得了主动。28—30日李刚总工程师连续坚守在省应急指挥中心,向省领导汇报台风最新动向及预报预测情况,为抓准防御重点区域、制定防御措施提供了有针对性的参谋服务。

台风影响期间,山东省气象局向省委、省政府及相关部门报送《重要天气预报》《每日气象专报》《气象服务快报》及雨情实况等决策服务材料36期,发送决策气象短信6.4万余条。准确、高效的预报服务工作得到省委、省政府和相关部门领导的充分肯定。各级气象部门以当面汇报、电话、微信等多形式为当地党政领导科学开展决策气象服务。

多渠道开展公众服务和专业服务。坚持以人民为中心的服务理念,省气象台召开1次新闻媒体通报会、参加山东电视台新闻午班车特别节目——迎战台风“烟花”直播节目和多家融媒体直播,并接受新闻媒体实时连线采访,广泛通报台风实况和预警消息。省气候中心接受山东卫视齐鲁频道视频采访和省广播电台电话采访,及时向社会公众通报台风“烟花”对农业生产的影响。同时做好电力、交通、能源等部门专业气象服务,省气象服务中心提供服务产品37期,与山东交通广播电台2次连线,开展电力专题加密视频会商,每4小时提供滚动专报服务。预报服务专家到省交管局联合值守,提供现场专业服务。全省各级气象部门通过国家突发事件预警信息发布系统、广播、电视、邮件、传真、网站、短信、“12121”语音信箱以及“两微一端”“今日头条”“抖音”新媒体等多种手段发布台风实况和预警消息。其中,通过国家突发事件预警信息发布系统平台发送预警短信57.3万条,“12121”接听28276次,新媒体阅读量达2亿次。

七、服务效果

全省各级气象部门各单位认真落实职责分工,全力以赴投入到预报服务各项工作之中,充分发挥了气象防灾减灾救灾“第一道防线”作用。根据气象部门台风预报预警信息,省委省政府领导主持召开2次防台风全省视频会议,全面部署防台风工作,强调“宁可十防十空,决不失防万一”。省委书记刘家义2次在省气象局决策服务材料上批示。李干杰省长亲赴临沂调研督导防汛工作。王书坚常务副省长到应急指挥中心调度防汛工作，汲斌昌副省长调度漳卫新河防汛情况，强化部门联动。省防汛指挥部、减灾委、安委会13次下发通知要求做好防御，启动防汛防台风Ⅳ级应急响应，确保了整个防台风过程高效、有序推进。各级防汛指挥部、应急、教育、交通、文旅、农业农村等部门及时下发通知，安排停工、停课、停运、关闭旅游景点、渔船回港等工作，临沂、日照、枣庄等地紧急转移村民2万余人。

八、成功经验

严密的组织是气象服务成功的保证。第一时间进入警备状态，待达到标准及时启动应急响应，按照机制加强值班值守；从围绕省委、省政府领导防灾减灾关键决策群体组织做好决策服务，到通过多种手段面向人民群众组织开展公众服务，严密的组织安排保证了高效的预报服务。

由远及近有针对性地开展跟踪服务是做好决策服务的根本。结合台风天气发展规律和防台决策部署节奏，在提前预报和准确性上找到最佳平衡，向省委、省政府依次报送了“台风未来动态分析”“台风消息”“台风趋势预报”“台风预报”“台风蓝色预警信号”“暴雨橙色预警信号”，加强雨情跟踪分析服务，给决策部门科学部署防台提供了重要支撑。

气象现代化建设的成效是预报服务成功的支撑。近年气象现代化建设成果在台风防御服务保障过程中发挥了重要作用，为台风监测分析、预报研判提供了重要支撑。在省防汛指挥部布设的新气象服务一体化平台，成为省领导抗台救灾最关注的平台之一，快速的数值预报产品生产技术、实时雨情统计分析系统为快速制作服务产品提供了强有力的技术支撑。

台风“烟花”对上海的影响评估分析报告

朱洁华　于润玲　潘顺　刘敏　邬兰军　张晶　王艽　漆梁波

（上海中心气象台　2021 年 7 月 28 日）

摘要：“烟花”台风生命期长、路径复杂、移动缓慢；对上海的影响持续时间长，累积雨量大但雨强不显著；阵风明显，无持续大风。“烟花”的过程总雨量在上海近 10 年台风影响过程中排名第一，阵风风速排名第二；自 1959 年以来“烟花”的过程总雨量排名第一。此次过程中，大风造成的灾情占比最高(78.7%)。上海的“烟花”台风防御工作总体取得了较好的防灾减灾成绩，但在预报精准化和防灾减灾科学化、法治化、标准化等方面仍有提升空间。

一、台风“烟花”特点

2021 年第 6 号台风“烟花”自 7 月 23 日夜间起对上海造成明显风雨影响，随着其强度减弱和逐渐远离，28 日上午台风“烟花”对上海的影响结束。“烟花”生命史长、路径复杂、移动缓慢；对上海影响持续时间长，累积雨量大但雨强不显著；阵风明显，无持续大风。

（一）三台风共存，“烟花”移动路径复杂多变，移速缓慢

7 月下旬，西北太平洋和我国南海上先后有“烟花”“查帕卡”和“尼伯特”3 个台风生成，三台风共存时间虽然不长(约 18 小时)，但其三者之间还是产生了相互作用；同时副热带高压明显偏北，引导气流偏弱，导致台风“烟花”路径复杂多变：“烟花”生成后稳定西行，到台湾岛东部洋面后，路径出现大幅度北折，移动缓慢；25 日到达浙江北部近海之后，开始转向西北偏西移动，在浙江舟山首次登陆后，引导气流弱，又在杭州湾停留近 1 天后，才再次登陆浙江平湖；二次登陆后，“烟花”仍以 5～10 千米/小时的速度先后在江苏、安徽境内缓慢移动，之后减弱变性并消亡。

（二）风力大，大风范围广，无持续大风

受台风“烟花”影响，上海自 24 日上午起风力开始增大，24 日夜间到 25 日陆地和沿江沿海地区普遍出现 9～12 级阵风，最大阵风出现在宝山吴淞街道(35.6 米/秒)，洋山港区和沿海海面最大阵风 14 级(西马鞍 42.6 米/秒)，26 日白天风力开始减弱。

（三）影响过程累积雨量大，但雨强不显著

在“烟花”影响下，2021 年 7 月 23 日 20 时至 28 日 08 时上海普降大暴雨(图 1)，有 66.5%的街镇过程雨量超过 250.0 毫米，全部街镇过程雨量超过 100.0 毫米，其中金山亭林镇 516.4 毫米为最大，1 小时雨量最大也出现在金山亭林镇(47.2 毫米，07 月 24 日 05 时 35 分至 06 时 35 分)。台风主要影响期间(24 日 08 时至 27 日 08 时)全市最大降水为金山亭林

镇(402.1毫米),其中,金山国家气象观测站25日20时至26日20时雨量达191.7毫米,为建站以来的日雨量次高记录(最高为2020年,263.5毫米)。

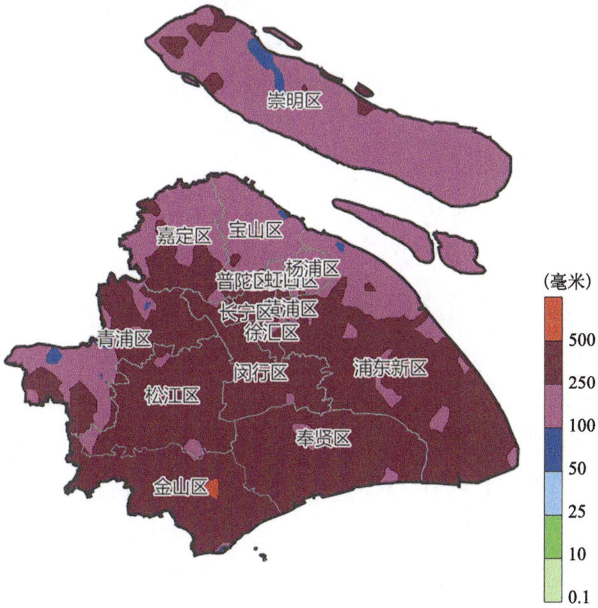

图1 “烟花”过程雨量分布

(四)影响期间,“风暴潮”三碰头,增水明显

台风“烟花”影响上海期间,正值天文大潮,上海沿江沿海及黄浦江上游支流水位代表站全部超警戒水位,杭州湾代表站出现历史第二高潮位,共有25个代表站超警戒水位。26日01时45分,黄浦公园站最高潮位5.49米,居历史第三高位;26日03时30分,黄浦江上游米市渡站最高潮位4.79米,创历史新高。

二、台风“烟花”预报服务情况

(一)预警发布情况

上海中心气象台7月23日07时发布台风蓝色预警信号,沿江沿海地区宝山吴淞口09时17分出现8级阵风,提前时效为2小时17分钟;7月24日08时40分发布暴雨黄色预警信号,金山张堰镇05～11时累积雨量83.3毫米,提前时效为2小时20分钟。

(二)应急响应

7月23日07时启动上海市气象局台风Ⅳ级应急响应;24日10时升级为台风Ⅲ级应急响应;同日18时继续升级为台风Ⅱ级应急响应。26日11时15分,更新为台风Ⅲ级应急响应; 同日17时45分更新为Ⅳ级应急响应。

(三)决策服务产品

截至7月28日,共向市委、市政府发布与台风“烟花”相关的《重要气象信息市领导专报》16 期、《专题气象报告》12 期、《气象灾害预警服务快报》24 期、《台风动态快报》23 期；还通过 6 期《太湖流域重要气象信息专报》、6 期《太湖流域面雨量预报产品》、2 期《太湖流域及浙闽诸河面雨量预报产品》和 3 期《新安江富春江流域面雨量预报产品》向太湖流域管理局水文局进行了有针对性的水文气象服务；并且向应急局、交通委、海事局、吴淞客调、崇明亚通客运、宝钢总调、航道局等发送了 8 期《长江口区气象服务专题报告》。

三、台风“烟花”的预报检验

上海中心气象台承担了上海的台风路径、强度和风雨影响预报，日常发布频次为每日 4 次，“烟花”台风影响期间增加频次，滚动更新台风动态信息。

(一)24 小时“烟花”台风路径预报误差为 52.6 千米

对“烟花”登陆点的预报，中外各家预报机构随着登陆时间临近均明显向北调整。对比上海、中央气象台、欧洲中期天气预报中心、美国和日本的台风“烟花”23—27 日预报，结果显示各家预报的 24 小时路径误差均在 60 千米以下，上海(52.6 千米)略好于中央气象台(55.3 千米)和欧洲中期天气预报中心(54.9 千米)；48 小时路径误差在 110 千米左右，与中央气象台相当。

强度预报检验结果显示：24 小时强度误差(4.9 米/秒)和 48 小时强度误差(4 米/秒)，上海均比中央气象台(24 小时强度误差 5.11 米/秒、48 小时强度误差 4.31 米/秒)和欧洲中期天气预报中心(9 米/秒以上)好。

(二)风雨预报与实况较为接近

上海市气象局在 22 日就较准确地预报了大风开始时间(24 日上午)、大风强度(陆地 7～8 级，沿江沿海地区 9～11 级，洋山港区和上海市沿海海面 12～14 级)，预报与实况较为接近。

“烟花”影响前 72 小时的过程雨量预报，强降水落区偏西；但影响前 48 小时的逐日雨量预报、雨型分布与实况基本一致，受灾严重的金山、松江等地区强降水的量级预报基本准确，尤其主要影响期间(24 日 08 时至 27 日 08 时)预报最大过程降水极值可达 350 毫米，虽比实况极值 402.1 毫米略小，但已充分预报出了此次降水过程的极端性。

(三)人工智能技术助力预报更精准

上海中心气象台人工智能技术在“烟花”预报服务中发挥了重要作用，其中基于机器学习的降水客观预报产品在 23 日就对此次台风影响的暴雨落区做出了较为准确的判断。另外，天气雷达三维体重建和人工智能外推技术也帮助预报员准确分析台风降水精细化结构和及时进行短时预报预警发布。

四、台风“烟花”风雨影响评估

根据历史比较，“烟花”的过程总雨量在近 10 年台风影响过程中排名第一，阵风风速排名第二；自 1959 年以来“烟花”的过程总雨量排名第一。

(一)近 10 年高密度自动气象站观测网资料评估结果

根据 2011 年至 2018 年约 200～300 站(全市气象站),2019 年至今约 700～800 站(增加全市水文站)资料统计:受“烟花”影响,截至 7 月 28 日 08 时,按全市自动气象观测站网近 10 年(2011 年至今)风雨统计,“烟花”的过程总雨量、陆地和长江口区阵风风速均排名第一,洋山港和沿海海面阵风风速排名第二(仅次于 2019 年第 9 号台风“利奇马”)。

(二)长序列国家基本观测站网资料评估结果

根据 1959 年至今,参考 6 个国家基本站(徐家汇站、宝山站、崇明站、南汇站、青浦站和金山站)资料统计得出:“烟花”在历史影响上海台风中过程降雨量(金山站 469.4 毫米)排第一位,大于 10 毫米的雨日也排第一位,阵风风速(南汇站 24.7 米/秒)排第十一位。

五、“烟花”台风灾情影响分析

受台风“烟花”影响,7 月 23 日 06 时至 28 日 08 时,上海 110 报警系统共接到全市 12409 条灾情,其中浦东新区灾情数量占比最大,共有 3866 条,占全市灾情总数的 31.15%。从时间分布上看,灾情上报主要集中在 7 月 25 日,共有 8184 条。7 月 25 日 16 时,小时灾情上报数高达 896 条。

在所有灾情事件中,树木受损以及树木受损导致的后续灾情数量最多,共有 3629 条,占总灾情的 29.24%。主要导致灾情发生的致灾因子主要为大风和暴雨,其中由大风造成的灾情高达 9765 条,占所有灾情的 78.69%。

(一)大风实况及灾情分析

上海风力自 24 日上午起开始增大,25 日凌晨后明显增大并继续增强;与之对应的接报灾情数量也显著增多,且数量随风力增大呈明显增多趋势,25 日夜间灾情数量有所减少,26 日白天接报灾情再次增多,但总体数量级较 25 日有所下降。

(二)暴雨实况及灾情分析

7 月 24 日凌晨开始上海降雨明显,直到当天下午降雨渐小;25 日凌晨降雨又起,并一直维持持续性降水;27 日早晨降雨减小。受暴雨天气影响,25 日凌晨已有零星灾情,25 日白天接报灾情数量显著增多,夜间灾情数量有所减少。由于降水持续时间较长,灾情的反馈出现了一定的滞后性,26 日暴雨灾情接报数量出现了快速上升的情况,直到 27 日凌晨才有所缓和,27 日清晨至当天 08 时,灾情上报数量又出现上升趋势(图 2)。

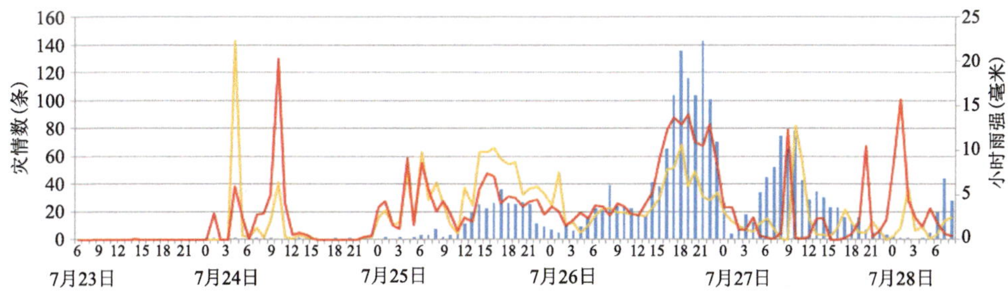

图 2 暴雨实况(徐家汇气象站:黄线;松江气象站:红线)与灾情时序分布(柱状)

六、问题与下一步工作思考

这次台风防御工作中，在地方政府有力指挥下，上海气象部门面对“烟花”台风取得了较好的防灾减灾成绩，但在预报精准化和防灾减灾科学化、法治化、标准化等方面仍有提升空间。

（一）加强超大型城市气象灾害监测预报预警能力建设

台风进入 48 小时警戒圈到台风登陆后的风雨影响，我们主要依赖卫星、雷达、垂直廓线、自动气象站网的监测和高分辨率数值预报。这次“烟花”台风监测预报总体尚可，但是路径强度，特别在市域范围定量化、精细化风雨预报预警仍缺乏精密观测和精准预报，对台风防御缺乏靶向型指导。因此，我们将积极推进上海全覆盖的 X 波段相控阵雷达网、垂直廓线观测网建设；完善地面自动气象站网建设；完善建设高分辨率高频次快速更新的区域数值预报系统，加强超大型城市气象灾害监测预警能力，更好地满足防灾减灾需求。

（二）健全各行业气象灾害防御标准

本次台风应对中，上海气象部门和申通地铁、洋山港区、迪士尼度假区等高影响区域和行业领域建立的风险预警联动机制发挥了关键作用，上述重点行业单位根据事先建立的气象阈值提早实施风险预警联动措施。下一步我们将继续健全各重点行业气象灾害防御标准，推动建立分灾种、分行业的气象风险预警联动机制，为充分发挥气象预警先导作用、筑牢气象防灾减灾“第一道防线”提供机制保障。

（三）研究优化气象预警和停工、停课、停业标准

本次台风应对中，上海市政府印发《关于台风“烟花”严重影响上海期间减少出行、确保人身安全的紧急通知》，在台风橙色预警、防汛防台Ⅱ级应急响应期间采取了一系列的临时措施，包括群体性户外活动停止、景区关闭、教育机构停课、水上旅游停止、户外工地停工和机场、铁路、轮渡、地铁等交通停运或调整，有力确保了城市面运行安全和市民人身安全，下一步，我们将会同防汛等有关部门，进一步研究气象灾害预警信号标准、防汛防台应急响应标准和极端天气停工停课制度等适配和优化，为防灾减灾救灾力量科学调配和确保安全底线做出更大贡献。

黑龙江省关于第 10 号台风“海神”最新预报与影响预估

李有缘 庞博 赵玲 任丽 张月 吴岩 吴迎旭 王承伟
（黑龙江省气象台 2020 年 9 月 6 日）

摘要：2020 年第 10 号台风“海神”9 月 6 日 14 时位于西北太平洋洋面日本九州岛以南，中心附近最大风力 15 级（48 米/秒），属强台风级。预计 7 日早晨登陆韩国南部，8 日傍晚前后自哈尔滨东部进入黑龙江省，强度为热带风暴。

台风“海神”对黑龙江省的风雨影响强于台风“巴威”，弱于“美莎克”。

台风“巴威”“美莎克”“海神”连续影响黑龙江省，重叠效应明显，在“巴威”“美莎克”前期影响的基础上农作物抗灾能力非常弱，河流、水库、山区、半山区成灾危险系数高，台风“海神”影响将更大，致灾性将更强。

一、台风“海神”7—9 日影响黑龙江省风雨天气预报

预计 2020 年 9 月 7 日夜间至 9 日白天，受第 10 号台风“海神”北上影响（图 1），黑龙江省大部地区自南向北将有一次明显风雨天气，主要降雨时段在 7 日夜间至 8 日夜间。伊春南部、大庆东部、绥化中南部、哈尔滨大部、鹤岗西部、佳木斯西部、牡丹江西部累计降雨量为 40～80 毫米，其中伊春东南部、哈尔滨东部、鹤岗西部、佳木斯西部、牡丹江西部局地 80～110 毫米，最大小时雨量在 30 毫米左右（图 2）。南部地区阵风 9 级，局地 10 级，其他大部地区阵风7～8级（图 3）。

具体天气预报：

7 日，哈尔滨、佳木斯西部、七台河、鸡西西部、牡丹江有大雨，局地暴雨；大兴安岭、黑河西部、齐齐哈尔多云，其他地区小到中雨。夜间，哈尔滨、牡丹江、七台河、鸡西阵风 7～8 级。

8 日，黑河东部、伊春、鹤岗、齐齐哈尔东北部、绥化、大庆、哈尔滨西部、佳木斯北部有大雨，其中绥化东部、哈尔滨西部、鹤岗西部局地有暴雨，大兴安岭多云，其他地区有小到中雨。全省大部阵风超过 7 级，其中绥化、大庆、哈尔滨、佳木斯西部、双鸭山、七台河、鸡西西部、牡丹江西部局地阵风可达 9～10 级。

9 日，大兴安岭、黑河西部、齐齐哈尔西部多云，伊春东部、鹤岗、佳木斯北部、哈尔滨东部有小到中雨，其他地区有阵雨。

二、台风“海神”影响预评估

台风“海神”影响将是全方位的，且重叠效应明显，致灾性强，下面将从三个主要的影响方面进行分析。

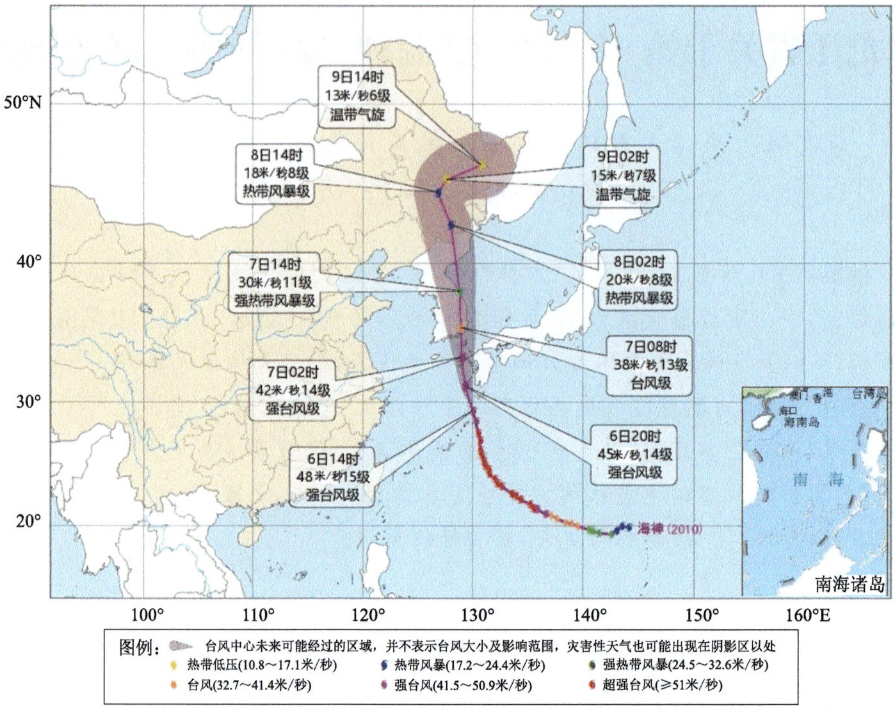

图 1　9 月 6 日 14 时第 10 号台风“海神”路径预报

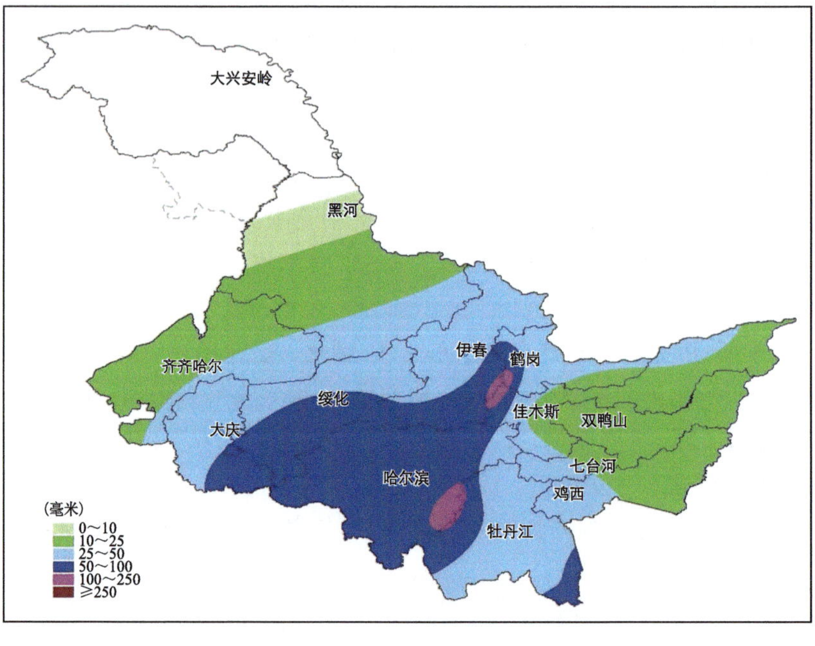

图 2　黑龙江省 2020 年 9 月 7 日 20 时至 10 日 08 时降水量预报

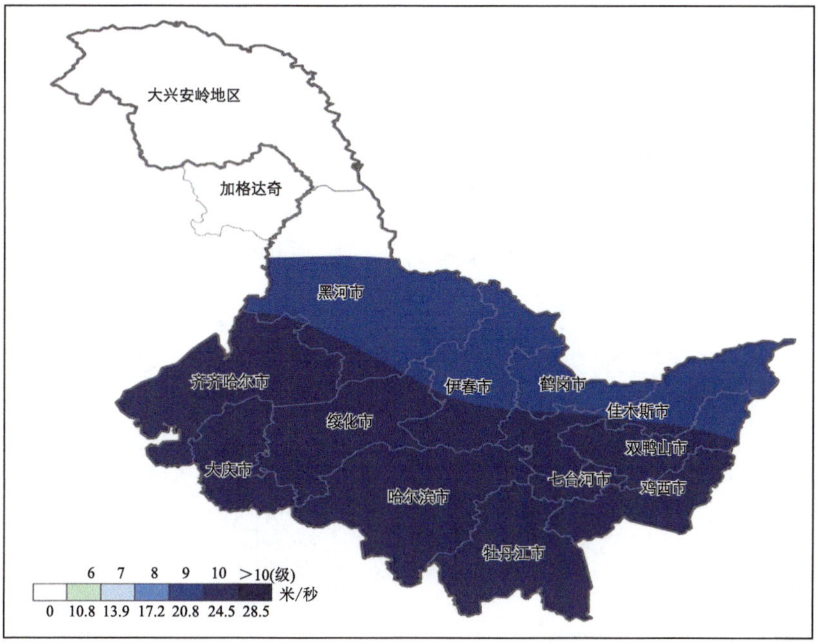

图 3　黑龙江省 2020 年 9 月 7 日 20 时至 9 日 08 时极大风力预报

(一)农业影响

基于孕灾环境敏感性、承灾体脆弱性和致灾危险性，综合考虑风雨强度、持续时间、农作物种植结构以及台风“巴威”“美莎克”的叠加影响等因素，对台风“海神”可能引起作物倒伏和农田短时内涝的风险趋势进行预评估。结果显示：松嫩平原东南部、牡丹江西部、三江平原部分地区、松花江、黑龙江沿岸地区将成为台风“海神”致灾的高风险区，松嫩平原其他地区及三江平原东部大部等地为中等风险区，其他地区为一般和低风险区(图 4)。根据作物产量预报(WOFOST)模型和粮食产量损失评估方法，预计台风“海神”将造成粮食产量损失 0.4～0.6 亿斤*。

(二)汛情影响

根据水文资料，全省共有 11 条河流 13 个站超过警戒水位。黑龙江、嫩江、松花江干流均低于警戒水位，乌苏里江水位除饶河外的其他江段高于警戒水位。全省有 8 座大型水库、28 座中型水库、31 座小型水库超汛限水位运行。

受台风“海神”叠加影响，黑龙江省中东部中小河流将会出现不同程度汛情，大江大河有超过警戒水位的可能。山区、半山区成灾危险系数高，要预防山洪、泥石流以及塌方、山体滑坡等次生、衍生灾害。

(三)民航、交通及城市影响

台风“巴威”对民航与交通影响较小，“美莎克”风雨影响较大，3 日傍晚哈尔滨市区部分

* 1 斤＝0.5 千克，下同。

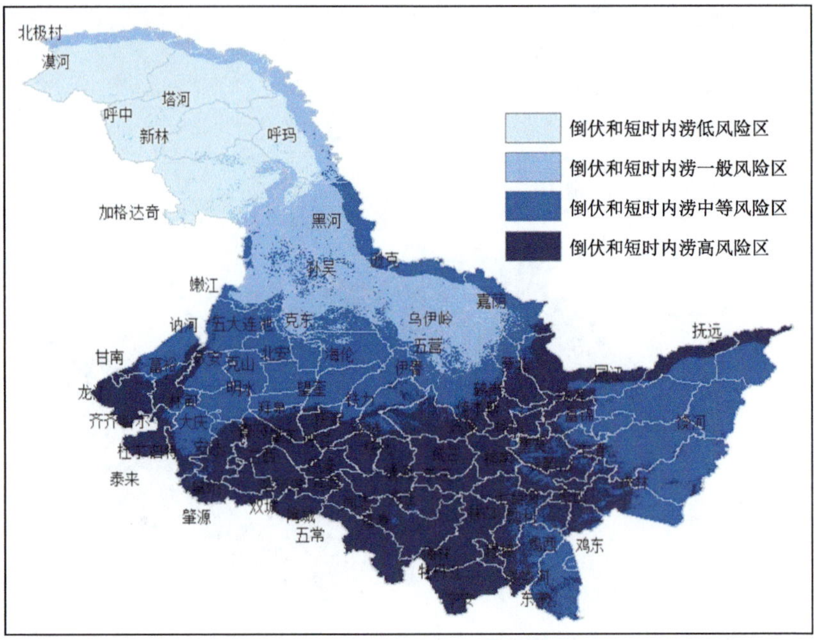

图 4　台风“海神”致灾风险趋势预估

低洼路段出现不同程度积水，有车辆被水淹的现象，还有部分路段的大树被刮倒并且有车辆被砸中。哈尔滨机场共取消航班 142 架次，延误航班 8 架次。4 列客运列车临时停运，8 列客运列车调整运行区段。省内大部分高速公路限速通行。

预计台风“海神”对民航、交通及城市的影响仅次于“美莎克”，民航飞机航班有延误和取消的可能，铁路与公路也将受到不同程度的影响，城市积涝与风灾将是防范的重点。各地要加强城市、堤防、桥涵、路基、护坡、铁路、通信与电力线路等巡查维护，请相关部门提前做好准备予以防范。

安徽省出梅未来10天将出现大范围高温天气

谢五三　郝莹　戴娟　张娇　赵青松
（安徽省气象台　2020年8月1日）

摘要:2020年6—7月安徽省天气气候异常,全省出现大范围持续性强降水,大别山区、沿江西部及皖南山区为全国强降水中心。6月2日入梅,梅雨期为60天,梅雨量为856毫米。梅雨期之长、暴雨日数之多、累计雨量之大、覆盖范围之广、梅雨强度之强均为历史第一位。

预计未来10天(8月1—10日)安徽省将出现大范围35℃以上的高温天气,局部超过37℃,淮北地区和大别山区、皖南山区多雷阵雨,需关注高温以及雷电、大风、短时强降水等强对流天气。另外,未来热带系统趋于活跃,我们将密切关注台风的最新动向和对全省的影响,及时发布最新预报。

一、梅雨期天气气候特征

(一)入梅时间早,梅雨期为历史第一长

2020年安徽省6月2日入梅,较常年早14天,截至7月31日,梅雨期已达60天,为历史第一位。

(二)累计雨量大,降水总量为历史第一多

(1)安徽省累计雨量历史同期最多。全省平均降水量为856毫米,是常年同期(401毫米)的2.1倍,为有完整气象记录以来(以下简称“历史”)同期最多,最大为岳西鹞落坪2179毫米(图1)。

安徽省60%的国家气象站累计降水量排在历史同期前三位,主要分布在淮河以南,其中25%为历史同期最多。

(2)重点流域平均降水量多为历史第一

长江流域安徽段平均降水量为967毫米,是常年同期(424毫米)的2.3倍,为历史同期第一。

新安江流域安徽段平均降水量为1202毫米,是常年同期(531毫米)的2.3倍,为历史同期第二,仅次于1996年(1255毫米)。

淮河流域安徽段2020年6月10日以来平均降水量为656毫米,是常年同期(334毫米)近2倍,为历史同期第一。

巢湖流域2020年6月10日以来平均降水量为931毫米,是常年同期(321毫米)的近3倍,为历史同期第一。

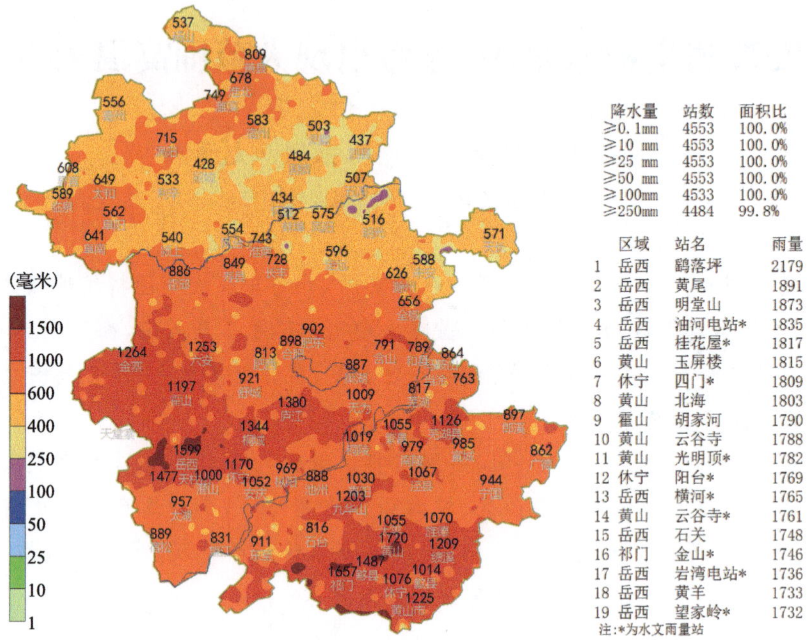

图1　2020年6月1日20时至7月31日20时安徽省累计雨量

(3)安徽省大别山区、沿江西部及皖南山区为全国强降水中心

6月2日以来,全国超过1000毫米以上的强降水中心主要位于安徽省大别山区、沿江西部及皖南山区;全国超过1200毫米的16个国家气象站中安徽省占12个(表1)。

表1　全国累计降水量超过1200毫米台站及排序

站名	2020年降水量(毫米)	为常年同期的倍数	全国排位
黄山光明顶	1720	2.3	1
祁门	1657	3.0	2
岳西	1599	3.3	3
鹤峰(湖北)	1525	2.7	4
黟县	1486	2.6	5
天柱山	1477	—	6
庐江	1380	3.3	7
英山(湖北)	1376	2.8	8
桐城	1344	3.1	9
婺源(江西)	1336	2.3	10
罗田(湖北)	1267	2.6	11
金寨	1263	2.8	12
六安	1245	3.6	13
黄山市	1225	2.4	14
绩溪	1210	2.4	15
九华山	1203	—	16

(三)雨带南北摆动，强降雨范围为历史第一广

梅雨期雨带在安徽省南北摆动，出现 10 次强降水过程。累计雨量超过 600 毫米占全省面积的 65.3%；淮河以南大部超过 800 毫米，占全省面积的 42.0%；超过 1000 毫米的占全省面积的 18.5%；超过 1200 毫米的占全省面积的 6.5%。

与历史典型梅雨年不同等级降水量覆盖范围相比，2020 年超过 600 毫米、800 毫米、1000 毫米、1200 毫米的站数均为历史最多(表 2)。

表 2　典型梅雨年不同等级降水量覆盖站数(个)

年份	1969 年	1991 年	1996 年	1999 年	2016 年	2020 年
≥600 毫米	19	48	48	33	31	61
≥800 毫米	4	17	26	25	16	48
≥1000 毫米	2	4	20	2	1	26
≥1200 毫米	0	1	11	0	0	12

(四)多地降水强度创极值，梅雨强度为历史第一强

黟县、金寨、六安 3 个国家级气象站出现特大暴雨，日雨量最大为金寨(7 月 18 日，309.5 毫米)；铜陵、金寨、六安 3 个国家级气象站创本站日雨量历史新高。繁昌、宣城和铜陵 3 个国家级气象站最大小时雨强创本站历史新高。全省有 762 个区域气象站小时雨量超过 50 毫米，4 个站超过 100 毫米，最大青阳牛桥水库达 122 毫米(6 月 5 日 16 时)。

综合考虑梅雨期长度和梅雨量，根据《梅雨监测指标》(GB/T 33671—2017)分析计算，江淮之间和沿江江南梅雨强度均为历史第一位。

二、8 月上旬天气预报

预计 1—5 日全省降水较少(图 2)，大部分地区将出现 35 ℃以上的高温天气(图 3)，淮北地区易出现短时强降水、雷电和大风等强对流天气。6—10 日淮北地区多阵雨或雷雨，北部降水较明显；淮河以南晴雨相间，高温天气持续。未来 10 天总降水量：淮北地区50～90 毫

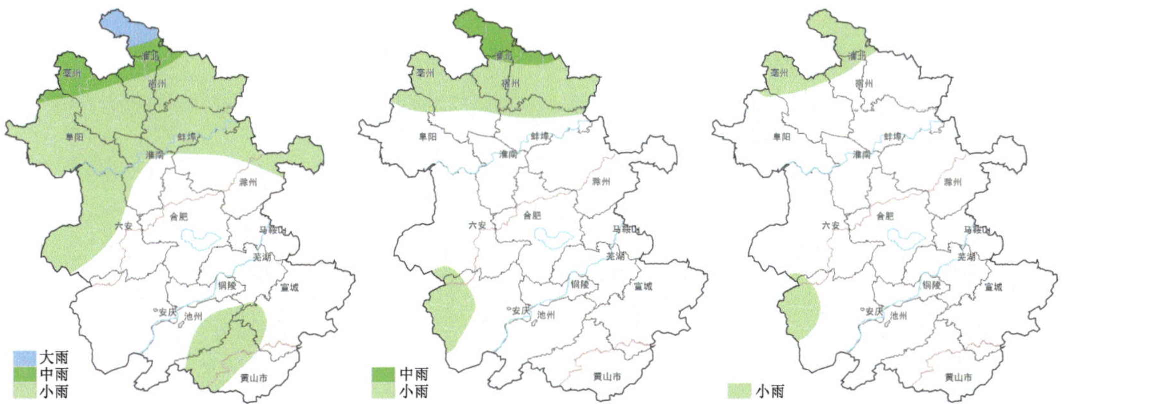

1日08时至2日08时　　2日08时至3日08时　　3日08时至4日08时

图 2　未来 3 天安徽省降水量预报

米，局部 100～120 毫米；江淮之间北部和大别山区 15～35 毫米；其他地区 0～10 毫米。

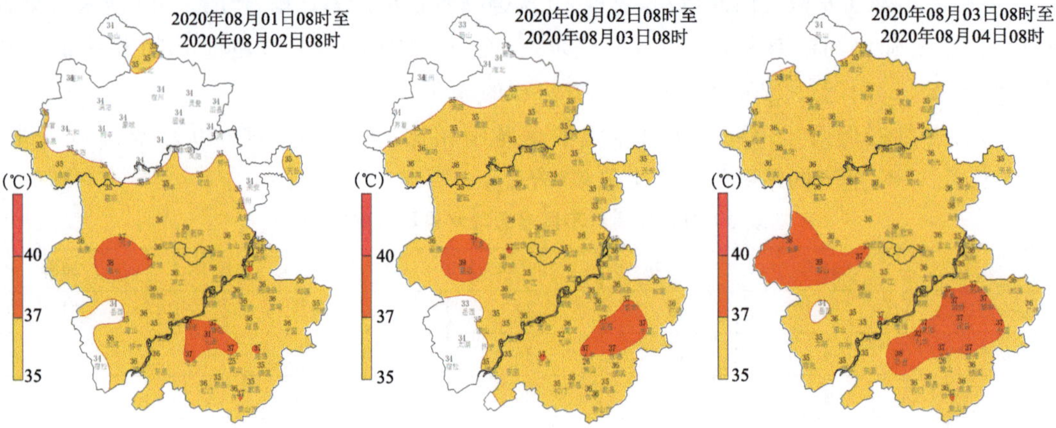

图 3　未来 3 天安徽省最高气温预报

另外，7 月 31 日 14 时中国南海有热带低压生成，并逐渐向海南岛南部沿海靠近，预计将于 8 月 1 日中午前后登陆或擦过海南岛南部一带沿海（风速 15～18 米/秒，热带低压级或热带风暴级），8 月 1 日晚上移入北部湾海面，然后逐渐趋向越南北部。未来对安徽省无明显风雨影响。但是，未来西太平洋地区热带系统趋于活跃，我们将密切关注台风的最新动向和对安徽省的影响，及时发布最新预报。

14 日夜里至 15 日江苏省出现入梅以来第九次强降水过程，16 日夜里至 17 日白天沿江和苏南地区仍有较强降水

吴洪颜　韩桂荣　康志明　刘梅　陈圣劼　田心如
（江苏省气象局　2020 年 7 月 15 日）

一、天气实况

2020 年 7 月 14 日夜里开始，江苏省出现入梅后的第 9 次强降水过程。沿江和苏南地区出现大到暴雨、局部大暴雨；其他地区小到中雨。14 日 08 时至 15 日 16 时累计雨量（图 1）：南京、镇江、常州、无锡、扬州、泰州及苏州等市的 688 个乡镇（街道）雨量超过 25 毫米（占全省面积的 45.3%），其中 235 个乡镇（街道）超过 50 毫米（占全省面积的 15.6%），最大靖江为 107.2 毫米。

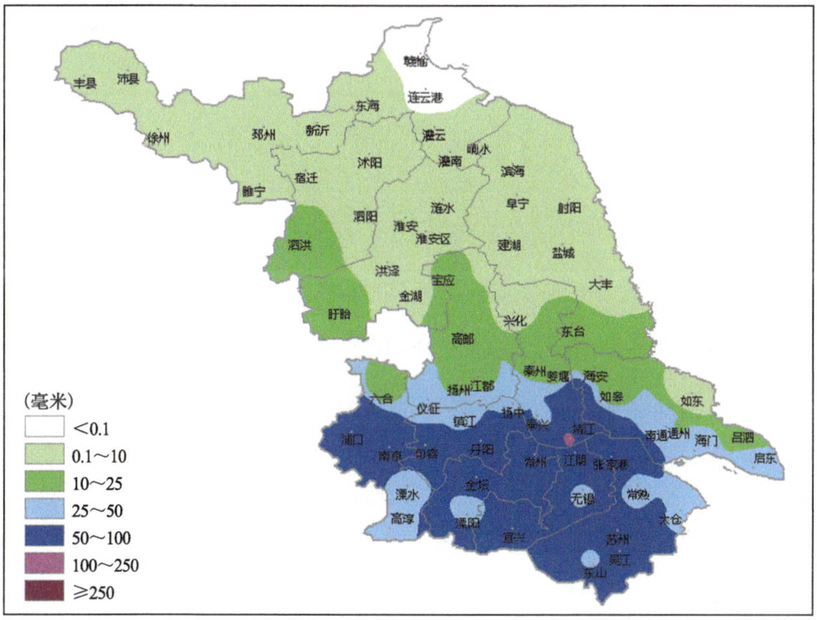

图 1　江苏省 7 月 14 日 08 时至 15 日 16 时江苏省降水实况

二、天气预报

据最新气象资料分析，预计 15 日夜里至 16 日白天苏南南部还有小到中雨，16 日夜里至 17 日江苏省自南向北有一次较强降水过程，其中沿江苏南和本省西北部地区降中到大雨、局部暴雨，18—19 日全省自北向南又有一次较强降水过程，其中沿淮和淮北地区降大到暴

雨、局部大暴雨，其他地区有中到大雨、局部暴雨。16—19 日累计雨量：沿江和苏南地区 70～100 毫米、局部 150 毫米左右，淮北地区 30～70 毫米、局部 120 毫米左右，江淮之间 30～60 毫米、局部 100 毫米左右。强降水期间，部分地区将伴有雷电、短时强降水、雷暴大风等强对流天气。20 日前后，随着副热带高压增强西进北抬，主雨带将位于江苏省沿淮和淮北地区，淮河以南地区降水明显减弱，有望出梅。但出梅后多发短时强降水、雷雨大风等局地强对流天气。

具体预报如下：

15 日夜里 苏南南部阴有阵雨或雷雨，雨量小到中雨、局部大雨（图 2），其他地区阴到多云。

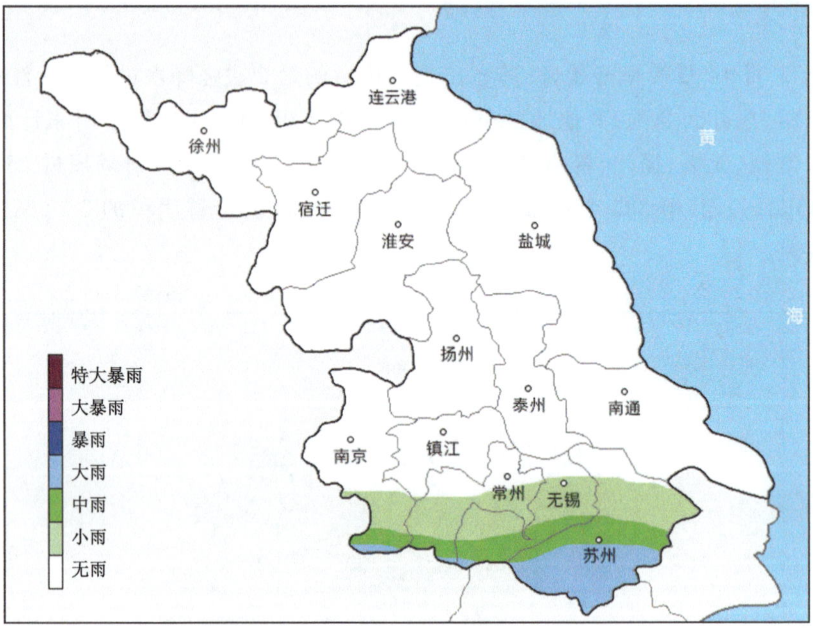

图 2　江苏省 2020 年 7 月 15 日 20 时至 16 日 08 时降水预报（单位：毫米）

16 日，沿江和苏南地区阴有阵雨或雷雨，雨量为中到大、局部暴雨（图 3），其他地区多云转阴，有阵雨或雷雨。

17 日，全省大部分地区阴有阵雨或雷雨，其中苏南和本省西北部地区有中到大雨（图 4）。

18 日，沿淮和淮北地区阴有阵雨或雷雨，雨量大到暴雨、局部大暴雨，其他地区多云到阴，有分散性雷阵雨。

19 日，淮北地区阵雨转多云，其他地区阴有阵雨或雷雨，雨量中到大、局部暴雨。

据中央气象台预报，15—16 日主要降水区位于长江中下游地区，17—19 日主要降水区位于淮河流域和长江中下游地区。

三、建议

（1）关注江苏省上游及本地强降水对长江干流沿线、太湖流域、淮河流域以及运河等河湖汛情的影响，防范强降水可能造成的城乡内涝、中小河流洪水及山体滑坡等次生灾害。

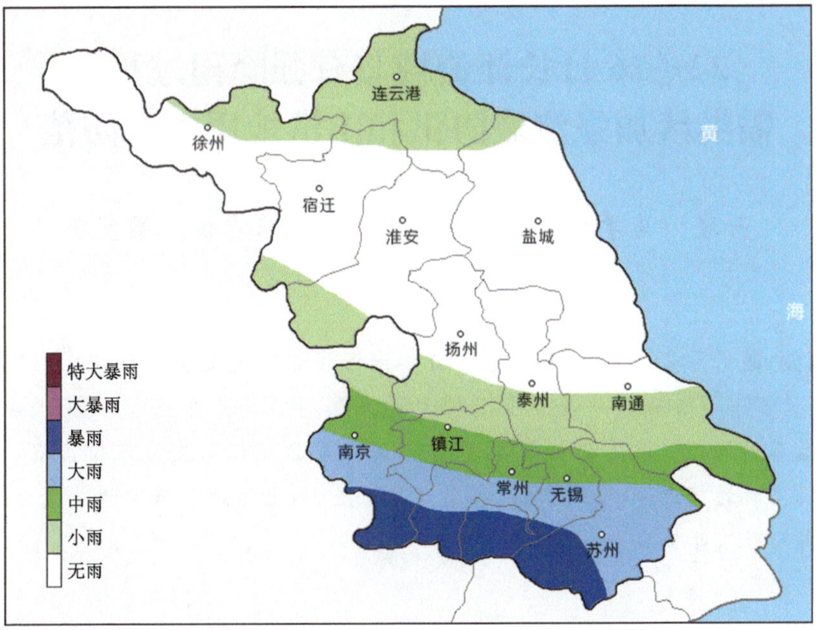

图 3　江苏省 2020 年 7 月 16 日 08 时至 17 日 08 时降水预报

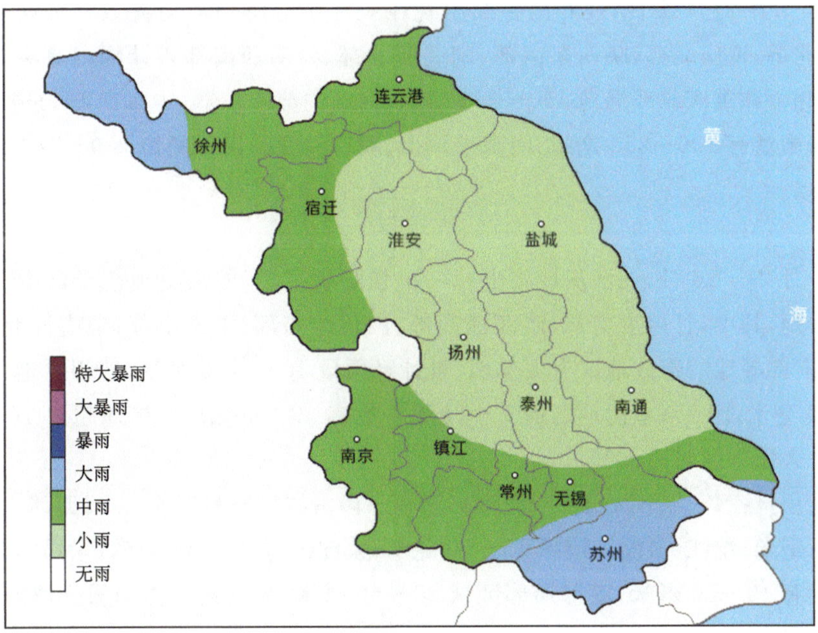

图 4　江苏省 2020 年 7 月 17 日 08 时至 18 日 08 时降水预报

(2)加强田间管理,防范农田渍涝和病虫草害的发生。

(3)防范强对流天气对交通运输、设施农业、水产养殖、户外作业及人身安全的影响。

24—26 日长江流域将有强降雨过程，需继续加强流域防汛和山洪地质灾害防范

孙瑾　马学款　狄靖月　王维国　张永恒　蔡芗宁

（国家气象中心　2020 年 7 月 23 日）

摘要：继 7 月 21—22 日长江中上游和淮河流域出现强降雨后，24—26 日四川盆地至长江中下游沿江一带又将出现大到暴雨，甘肃、陕西、四川、重庆、湖南、湖北、安徽等地的部分地区有大暴雨；强降雨可能导致长江干支流水位上涨，加重洪涝灾害，同时还将进一步加大淮河和巢湖防汛压力，上述地区需继续加强流域防汛工作，并防范次生灾害。

一、21—22 日长江中上游及淮河流域北部出现强降雨

2020 年 7 月 21—22 日，强降雨主要出现在长江中上游和淮河流域北部两个区域。其中，四川东北部、重庆北部、陕西东南部、湖北西北部、河南西南部累计降雨量有 50～120 毫米，四川东北部和重庆北部局地 150～250 毫米；河南中部和东部、山东南部、安徽北部、江苏北部累计降雨量有 100～250 毫米，河南平顶山、周口和驻马店等局地 280～322 毫米。

二、24—26 日长江流域将有强降雨过程

预计 7 月 24—26 日，长江流域将出现一次强降雨过程，四川盆地至长江中下游沿江一带有大到暴雨，其中，甘肃东南部、陕西西南部、四川中东部、重庆中部、湖南西北部、湖北东北部、安徽南部等地的部分地区有大暴雨（累计降雨量 100～200 毫米，四川盆地中部局地可达250～300 毫米，图 1）；上述地区最大小时降雨量有 30～50 毫米、局地超过 70 毫米，局地还将有雷暴大风等强对流天气。

面雨量预报：24—26 日，长江干流宜宾至南京段沿线面雨量有 40～60 毫米，其中洞庭湖区 90～110 毫米；沱江、嘉陵江流域 45～90 毫米，太湖流域 25～35 毫米。另外，淮河干流中上游面雨量有 10～20 毫米，南部局部区域 30～50 毫米；巢湖流域面雨量一般有 30～50 毫米，其中龙河口水库、杭埠河达 60～95 毫米。

气象灾害风险预报：预计 24—26 日甘肃东部、陕西南部、四川中东部、重庆中西部、湖南西北部、安徽西部和南部等地发生山洪和地质灾害的气象风险高；长江沿线支流发生中小河流洪水的气象风险较高或高。

展望：预计 7 月 27—28 日，华南西北部、贵州东部、湖南西部及江汉西部等地将有大到暴雨，局地大暴雨；29—31 日黄淮和华北南部将有较强降雨。另外，7 月底前西北太平洋和

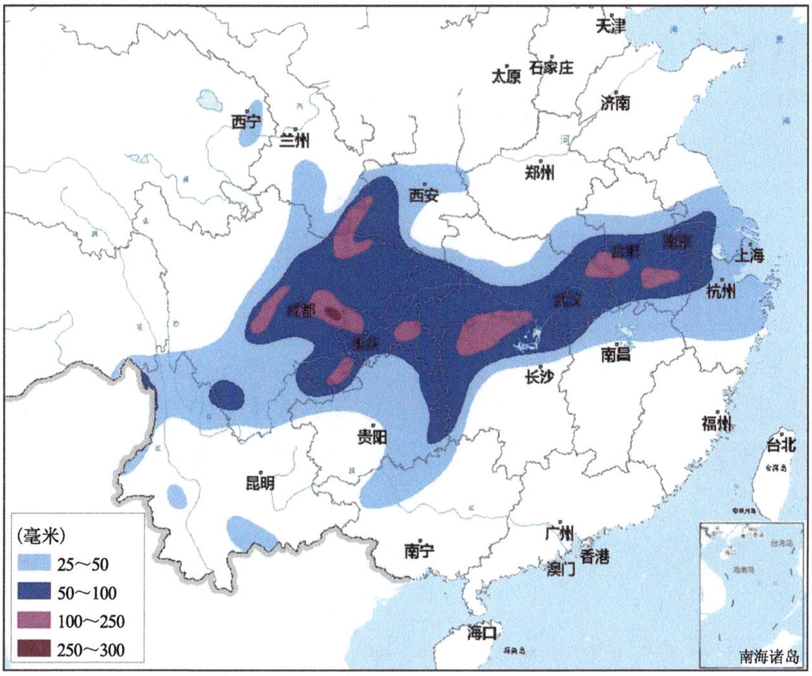

图 1　降雨量预报(7 月 24—26 日)

中国南海无台风生成。

三、关注与建议

6 月以来，长江流域累计降雨量 494 毫米，较常年同期(327 毫米)偏多 51%，为 1961 年以来同期第 1 位；受 7 月 21 日以来上游强降雨影响，目前中游部分江段和洞庭湖水位波动上涨。7 月 24—26 日强降雨将可能导致长江干支流水位上涨，进一步加重洪涝灾害，上述地区需密切关注雨情、水情和汛情变化；甘肃、陕西、四川、重庆、湖南、安徽等地还需防范强降雨引发的次生灾害，山区尤须加强灾害隐患的排查，防范山洪、地质灾害和中小河流洪水。

淮河干流中上游仍有降雨天气，加之长江下游同时有强降雨，不利于其水位下降，需继续加强防汛工作。巢湖流域面雨量较大，将进一步加大其防汛压力。

长江中下游地区强降雨集中期结束，上游地区仍有降雨，北方地区降雨将增多增强

赵慧霞　王维国　王冠岚　刘扬　李勇
（国家气象中心　2020 年 7 月 29 日）

摘要：2020 年 6 月 1 日至 7 月 28 日，长江流域出现 1961 年以来历年同期最大降雨量，累计降雨量和暴雨持续时间均超过 1998 年；同时，淮河流域和太湖流域的降雨量均达历史同期的第二多。2020 年长江中下游地区梅汛期具有入梅早、梅雨期长、累计雨量大；雨区重叠度高；单日雨量大且极端性强等特点。

一、6 月以来长江流域降雨量为历史同期最多，淮河流域降雨量为历史同期第 2 多

长江流域降雨量为历史同期最多。2020 年 6 月 1 日至 7 月 28 日，长江流域降雨量 528.8 毫米，较常年同期偏多 50%，为 1961 年以来历史同期最多。截至 7 月 29 日，2020 年长江流域的累计降雨量、暴雨持续时间均超过 1998 年。但与 1998 年有两点不同，一是 2020 年强降雨影响范围主要集中在长江中下游地区，1998 年是全流域性的暴雨；二是 2020 年强降雨中心主要位于长江中下游沿江一带，1998 年主要位于江南地区。另外，6 月以来淮河流域（436.6 毫米）和太湖流域（690.1 毫米）降雨量均为历史同期第 2 多。具体特点如下：

一是入梅早、梅雨期长、雨量大。长江中下游地区于 6 月 9 日入梅，较常年（6 月 14 日）偏早 5 天，截至 7 月 28 日梅雨期已达 50 天（常年 29 天）。2020 年梅雨区平均降雨量为 715.5 毫米，较常年梅雨量（281.0 毫米）偏多 154.6%，为 1961 年以来最多。期间，中央气象台共发布暴雨预警 52 天。

二是雨区重叠度高，累计雨量大。6 月以来，我国主雨带主要集中在贵州、四川、重庆至长江中下游地区，雨区重叠度高，累计雨量大。重庆、湖北和安徽降雨量均为历史同期最多，贵州、江苏、上海和浙江为历史同期次多。6 月 1 日至 7 月 28 日，湖北恩施（2075 毫米）、安徽安庆（1864 毫米）和黄山（1824 毫米）、江西景德镇（1806 毫米）等地局地累计降雨量超过 1800 毫米（图 1）。

三是单日雨量大，极端性强。安徽金寨（309.5 毫米）、湖北建始（262.2 毫米）等 14 县（市）日降雨量突破当地历史极值，57 县（市）突破当月历史极值；江西鄱阳县莲花山日降雨量达 538 毫米（7 月 7 日），湖北洪湖市燕窝达 501 毫米（7 月 5 日）。

二、长江中下游地区强降雨集中期结束，北方地区降雨将增多增强

长江中下游地区强降雨集中期结束，将转为高温闷热天气。预计 7 月 29 日起，长江中

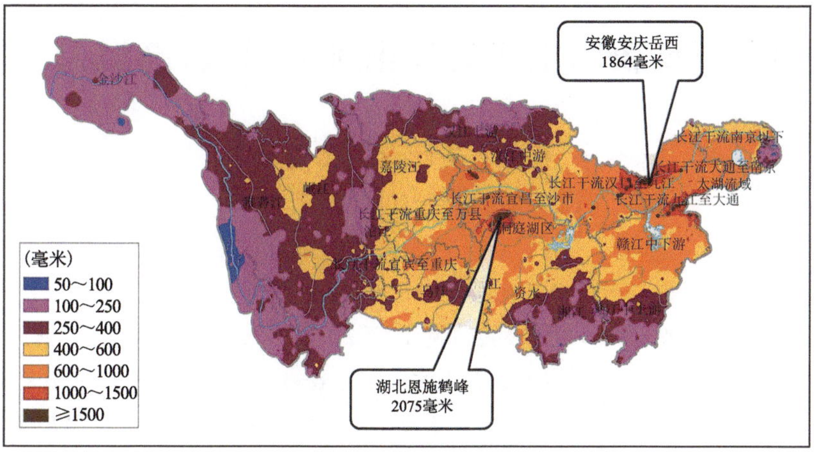

图 1　降雨量实况（6 月 1 日至 7 月 28 日）

下游地区强降雨集中期结束，但部分地区仍有小雨、局地中雨，长江中下游大部分地区将转为高温闷热天气。

8 月上旬，长江上游的高原地区仍有降雨，累计降雨量 40～80 毫米；四川盆地西部和南部局地有暴雨或大暴雨（主要出现在 8 月 2 日前）。

北方地区降雨将增多增强。预计 8 月上旬西北地区东部、华北、东北、黄淮等地累计降雨量 40～80 毫米，基本接近常年；东北地区东部 100～150 毫米、局部 200 毫米左右，较常年偏多 5 成到 1 倍。

三、关注与建议

一是继续做好长江和淮河流域的防汛工作。尽管我国东部地区主雨带北抬，但长江中下游江湖仍处于高水位，四川盆地西部还将有暴雨或大暴雨，需防范长江上游来水对中下游汛情的影响。另外，淮河流域的防汛工作依然不能松懈。

二是抓好北方地区防汛工作。北方地区降雨将增多增强，建议加强流域性、城市群、冬奥场地和雄安新区建设的防汛工作。西北地区以及山西、辽宁等地还需加强防范山洪、地质灾害。

三是做好高温防范和卫生防疫工作。长江中下游地区、江淮、江汉将进入高温少雨期，洪灾发生区域在做好灾后恢复重建的同时，需防范高温高湿引发的农业病虫害，同时加强灾区卫生防疫工作。

7日夜间到9日夜间重庆有暴雨到大暴雨，高温天气将缓解

李晶　吴政谦　周国兵

（重庆市气象台　2021年8月6日）

摘要：预计2021年8月7日夜间到9日夜间，重庆市将出现暴雨到大暴雨，局部地区特大暴雨天气过程；同时，四川境内嘉陵江、渠江、涪江流域和长江干流宜宾—江津段也将出现暴雨到大暴雨过程，贵州北部也有大雨到暴雨。须防范嘉陵江、长江和綦江、乌江过境洪水与本地洪水的叠加，也须防范本市中小河流洪水、山洪、地质灾害及城乡积涝。此次暴雨过程将伴有明显的强对流天气，注意防范雷电、阵性大风、冰雹及短时强降水。

一、天气趋势

（一）重庆市

受西南低涡和切变线共同影响，预计8月7日夜间到9日夜间，重庆市将出现暴雨到大暴雨，局部地区特大暴雨天气过程（图1）；9日各地日最高气温将降至26～34 ℃，高温天气缓解。累计雨量中西部及东北部部分地区90～180毫米，局地250毫米以上，其余地区40～90毫米；最大小时雨量60～90毫米，雷雨时部分地区伴有阵性大风、冰雹等强对流天气。

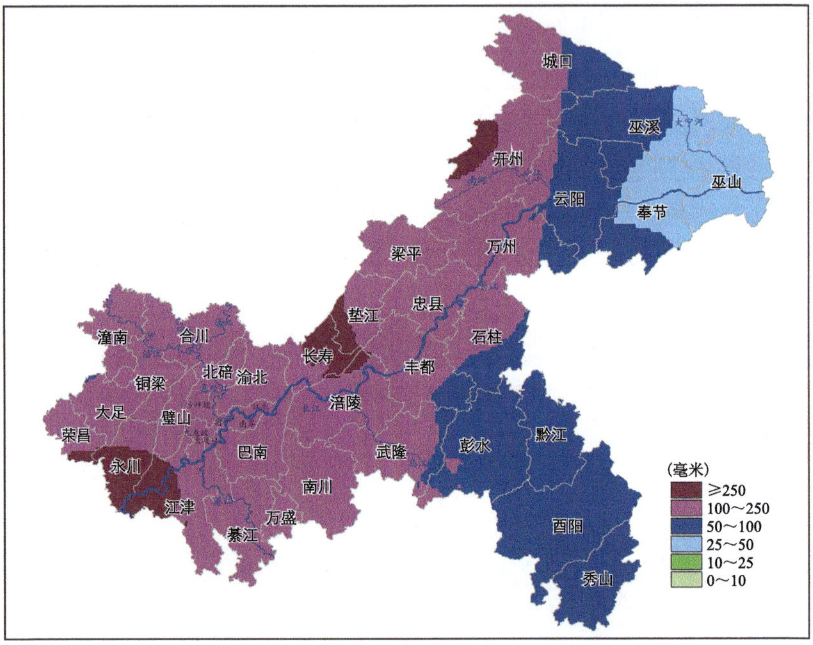

图1　8月7日20时至10日20时累计降水预报

7 日夜间到 8 日白天，长江沿线及以北地区大雨到暴雨，局地大暴雨（雨量 40～100 毫米，局地 150 毫米以上，图 2）。

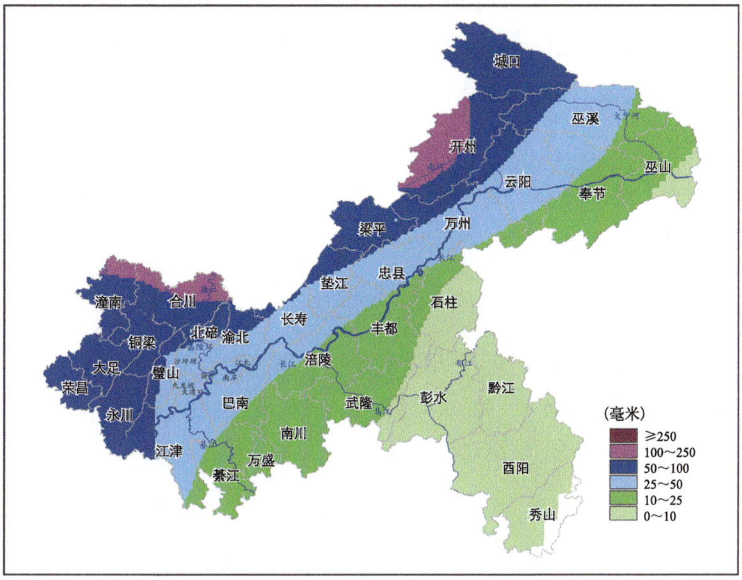

图 2　8 月 7 日 20 时至 8 日 20 时降水预报

8 日夜间到 9 日白天，大部地区大雨到暴雨，部分地区大暴雨（雨量 40～120 毫米，局地 180 毫米以上，图 3）。

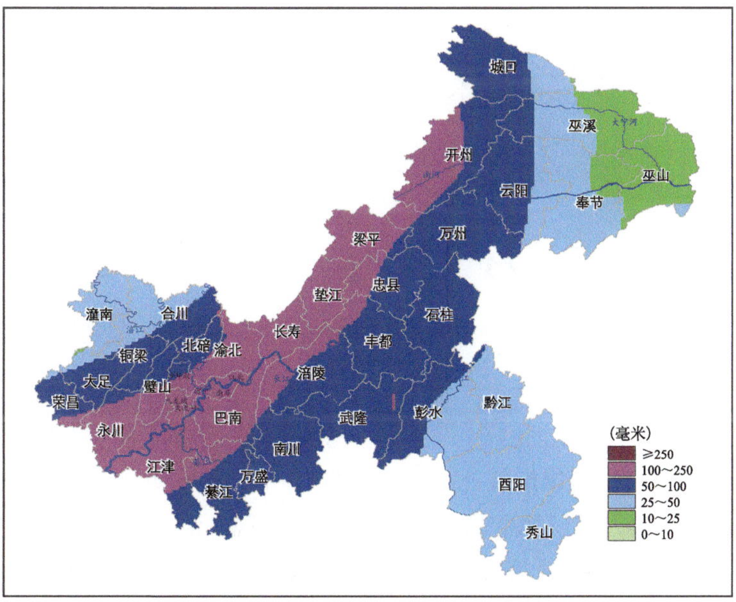

图 3　8 月 8 日 20 时至 9 日 20 时降水预报

9 日夜间到 10 日白天，偏南地区大雨（雨量 25～45 毫米）。

中心城区：7 日夜间到 8 日白天，多云转大雨，气温 27～33 ℃；8 日夜间到 9 日白天，暴雨到大暴雨，气温 26～30 ℃；9 日夜间到 10 日白天，阵雨，气温 26～32 ℃。

（二）四川省

6 日夜间到 8 日白天，四川境内嘉陵江、渠江、涪江流域和长江干流宜宾—江津段将出现暴雨到大暴雨过程，最大累计雨量 200～300 毫米。

（三）贵州省

8 日夜间到 10 日白天，贵州北部綦江、乌江流域有大雨到暴雨，最大累计雨量 60～100 毫米。

二、暴雨灾害风险

7 日夜间到 8 日白天，高风险区：合川、开州。较高风险区：北碚、渝北、永川、大足、铜梁、璧山、潼南、荣昌、垫江、万州、梁平、城口。有一定风险区：渝中、沙坪坝、九龙坡、两江新区、高新区、江津、长寿、忠县、云阳、巫溪（图 4）。

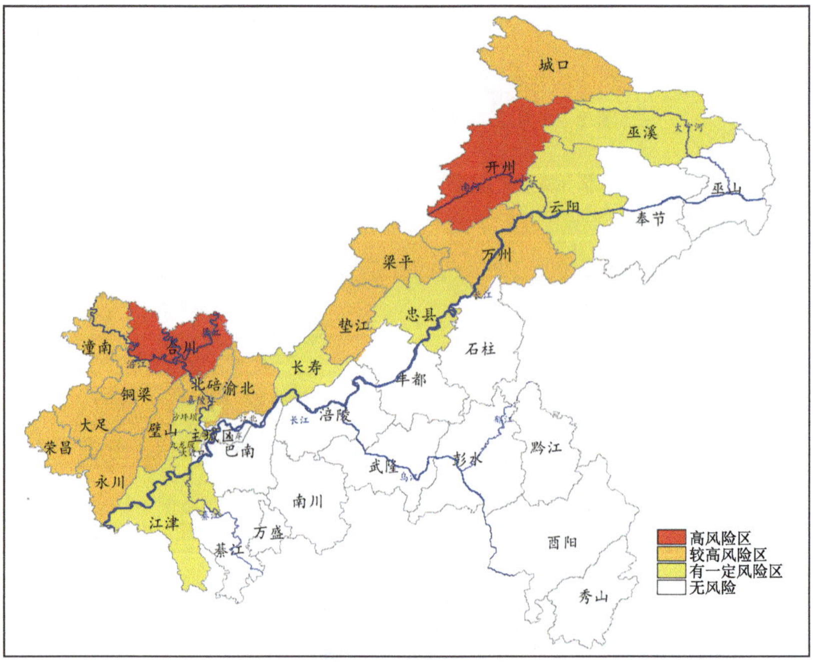

图 4　8 月 7 日 20 时至 8 日 20 时暴雨灾害风险落区

8 日夜间到 9 日白天，高风险区：渝中、大渡口、江北、沙坪坝、九龙坡、南岸、北碚、渝北、巴南、两江新区、高新区、永川、璧山、江津、南川、綦江、万盛、涪陵、长寿、丰都、垫江、开州、梁平、忠县、武隆。较高风险区：合川、大足、铜梁、荣昌、万州、城口、云阳、巫溪、石柱、彭水。有一定风险区：潼南、奉节、黔江、秀山、酉阳（图 5）。

9 日夜间到 10 日白天，有一定风险区：永川、江津、南川、綦江、万盛、黔江、武隆、秀山、酉阳、彭水。

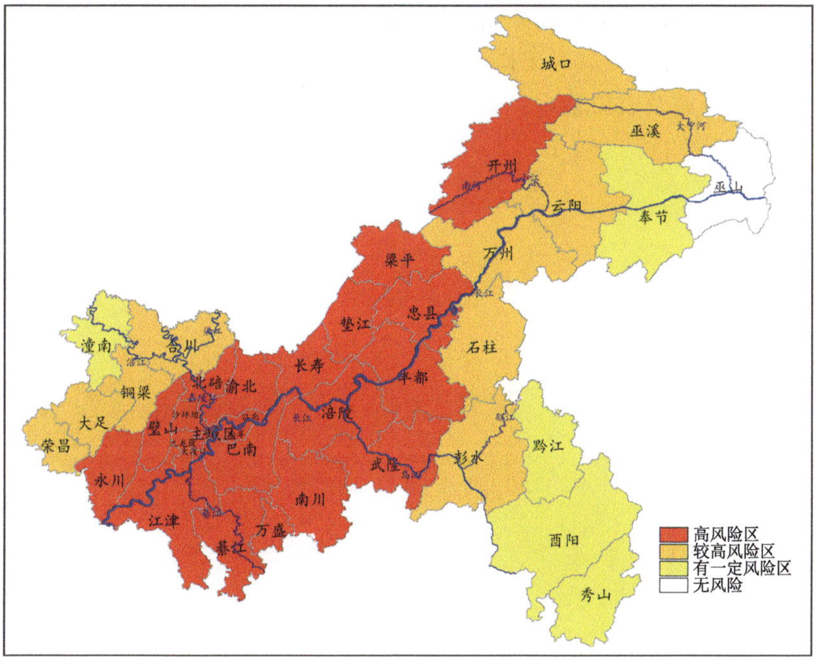

图 5　8 月 8 日 20 时至 9 日 20 时暴雨灾害风险落区

三、地质灾害风险

7 日夜间到 8 日白天，很高风险区：万州、合川、潼南、开州。高风险区：北碚、渝北、两江新区、高新区、长寿、江津、永川、大足、铜梁、璧山、荣昌、梁平、城口、丰都、忠县、垫江、云阳、巫溪。较高风险区：涪陵、渝中、大渡口、江北、沙坪坝、九龙坡、南岸、巴南、南川、綦江、奉节、巫山、石柱。有一定风险区：武隆、万盛。

8 日夜间到 9 日白天，很高风险区：万州、涪陵、渝中、大渡口、江北、沙坪坝、九龙坡、南岸、北碚、渝北、巴南、两江新区、高新区、长寿、江津、合川、永川、南川、綦江、大足、铜梁、璧山、荣昌、开州、梁平、丰都、忠县、垫江。高风险区：黔江、武隆、城口、云阳、奉节、巫溪、石柱、彭水、万盛。较高风险区：潼南、巫山、秀山、酉阳。

9 日夜间到 10 日白天，高风险区：黔江、巴南、两江新区、高新区、江津、永川、南川、綦江、大足、荣昌、武隆、秀山、酉阳、彭水、万盛。较高风险区：万州、涪陵、渝中、大渡口、江北、沙坪坝、九龙坡、南岸、北碚、渝北、长寿、合川、铜梁、璧山、潼南、梁平、丰都、忠县、垫江、云阳、奉节、石柱。有一定风险区：开州、城口、巫山、巫溪。

四、重点关注

此次过程持续时间长、累计雨量大，提请加强防范强降水可能诱发的地质灾害、中小河流洪水、山洪及城乡积涝等次生灾害。四川境内嘉陵江、渠江、涪江流域和长江干流宜宾—江津段将出现暴雨到大暴雨过程，贵州北部也有大雨到暴雨，须防范嘉陵江、长江和綦江、乌江过境洪水与本地洪水的叠加。部分地区将出现短时强降水、雷暴大风，局地伴有冰雹等强对流天气，提请注意做好防范应对工作。另外，前期发生高温干旱的区（县）可利用此次过程做好塘库堰等水利设施及农田蓄水。

2020—2021年

全国优秀决策气象服务

材料汇编

第二篇

天气气候监测评估与预测

未来30年湖北省气候变化趋势及对湖北省影响利弊分析和对策建议

刘敏　万素琴　秦鹏程　方思达　王苗　梁益同　史瑞琴　温泉沛
（湖北省气象局　2021年4月1日）

摘要：气候变化是当今社会面临的重大挑战，深刻影响着人类赖以生存的自然环境和经济社会的可持续发展。湖北省地处季风湿润气候区和南北气候过渡地带，是气候变化的敏感区域，在粮食生产、水资源、生态系统和人类健康等领域都已证实了气候变化的影响；同时，实现“碳达峰”和“碳中和”的“双碳”目标任务艰巨。积极应对气候变化，事关全省经济社会高质量发展大局和人民群众切身利益。为此，湖北省气象局综合政府间气候变化专门委员会（IPCC）发布的相关评估报告和国家气候中心最新预估数据以及《华中区域气候变化评估报告：2020》，对未来30年湖北省气候变化趋势及对湖北省利弊影响进行了分析，提出了应对策略和措施建议，以期促进湖北经济社会可持续发展和生态文明建设。

一、未来30年湖北省气候变化趋势和可能影响

（一）未来30年湖北省气候变化趋势

1961—2020年湖北省年平均气温呈明显上升趋势，增温速率为0.18 ℃/10年，江汉平原增暖速率最大，鄂西南增暖速率最小。高温日数呈上升趋势，上升速率为0.8天/10年。年平均降水量呈现年代际变化特征，20世纪60、70年代和21世纪初降水偏少，80年代和90年代降水偏多，2020年平均降水量较常年偏多42%，排历史首位。平均年雨日数呈微弱减少趋势，减少速率为3.3天/10年，年暴雨日数呈增加趋势，增加速率为10.5站日/10年。21世纪以来，极端天气气候事件引发的气象灾害频发，如2011年冬春连旱、2016年和2020年夏涝、2019年伏秋连旱等均为历史罕见，带来重大的经济损失和人员伤亡。

未来预估数据显示，在中等排放情景（SSP245）下湖北省21世纪中期平均气温增幅达1.8 ℃，降水增幅为3.1%，约36.5毫米。空间差异上，平均气温北部较南部增幅大（1.6～2.0 ℃），降水鄂西北和鄂东南增幅较大（6%～9%）。未来30年极端高温和降水事件将更多地影响湖北。极端高温事件会增多，平均极端最高温度大约上升2.2 ℃，高温日数增加约16天，鄂东地区增幅最大，且高温灾害高风险区增大明显。连续5天最大降水量、暴雨日数分别增加约10%、15%。

（二）未来30年气候变化对湖北省敏感领域影响的利弊分析

近百年来，气候的趋势性变暖对自然系统和社会系统都已经产生了重要影响，而且多以

负面影响为主，其中某些负面影响甚至是不可逆的。未来由于气候变暖带来的影响利弊共存，但随着增温量和速率明显增大，极端天气气候事件发生频率和强度可能增加，负面影响程度将可能加深加重，将给人类社会的可持续性发展和生存环境带来灾难性风险。综合考虑当前气候变化已经对湖北省产生的有利和不利影响及未来30年气候变化预估结果，预计未来全球气候变化对湖北省敏感领域产生的可能影响如下。

（1）对农业的利弊影响。未来气候变暖对湖北省农业利弊兼有，随着气温升高、极端天气气候事件增多，有利影响减弱，农作物产量不稳定性增大。有利影响：未来30年湖北省大部升温明显，热量条件将进一步改善，部分早、中熟水稻品种可以换种生育期较长的中晚熟品种，部分冬性品种小麦被弱冬性或春性品种替代，柑橘、茶叶、油茶等适宜种植区域北扩、种植海拔高度上移，栽培区域有所扩大；鄂西北在气温略增的同时，降水量增大，光温水配合趋优，有利于进一步发展特色农业；对越冬作物、淡水鱼类养殖安全越冬有利。不利影响：未来气温升高及降水的不均匀性增大，导致湖北省大部地区高温热害、旱涝灾害风险增大，尤其是南部、东部地区，使水稻、小麦、玉米、油菜、棉花等作物产量不稳定性增大，对农作物品质形成不利，农业病虫害加重；旱涝灾害及极端高温事件增多，增加了水产养殖管理的成本。

（2）对水资源的利弊影响。未来气候变化总体上有利于水资源总量的增加，但同时导致极端旱涝发生频率和强度增加，水资源利用有效性下降，不稳定性增大。有利影响：未来30年湖北省降水总体增大，有利于地表水资源的提高；受长江上游和汉江上游降水增多影响，未来30年三峡水库和丹江口水库来水总体增大，有利于供水、发电和生态效益的发挥。不利影响：随着全球变暖导致地球水循环的加速，未来降水的极端性增强，暴雨日数和连续无雨日数增多，旱涝灾害的发生频率和强度增加，水资源利用的有效性下降，不稳定性增大。

（3）对城市运行的利弊影响。未来气候变化对湖北省城市运行的影响弊大于利。随着全球变暖导致的极端事件增多，对城市交通、电力等基础设施的建设、供应和维护带来更大压力。有利影响：冬季气温升高，将使冬季取暖能耗有所降低。不利影响：降水极端性增强且更加趋于集中，城市内涝的风险增大；全球变暖以及城市热岛效应引发的高温热浪增强，夏季制冷能耗不断增加，能源消费激增，影响城市供电、供水。

（4）对湖泊湿地生态系统的利弊影响。未来气候变化对湖泊湿地生态系统影响以不利为主。气候变化导致湖泊湿地水资源季节性波动加剧，夏季过剩易引发洪涝，春季不足易发生干旱；由于旱涝事件增多，湖泊湿地将面临面积萎缩、水质变差、洪水调蓄功能减弱、碳源碳汇功能改变、生物群落稳定性和多样性降低的风险，生态脆弱性增大。

（5）对森林生态系统的利弊影响。未来气候变化对森林生态系统的影响利弊兼有。有利影响：未来气候变化使山地森林垂直谱带向高纬度、高海拔移动；森林生产力将增加3%～6%；森林生物量碳库累计增加。不利影响：未来随着气温继续升高，春季物候期可能进一步提前，部分林下植物有可能无法完成生命周期而消失，使森林生态系统物种组成发生改变，造成森林物种多样性降低；森林火灾发生风险可能增大且更加严重；森林病虫繁殖代数增加，发生时间提前，范围和危害程度增大。

（6）对人体健康的利弊影响。未来气候变化对湖北省人体健康方面的影响以弊为主。

气候变化通过影响病原体及其携带者、传播途径和人体自身抵抗力等方面直接或间接可能影响传染病的发病趋势，如气候变暖延长了钉螺、血吸虫生长发育季，加快了其生长速度，同时有螺区暴雨日数增多，导致未来湖北省江汉平原东部血吸虫发病风险上升；而天气冷、热快速变化、极端寒潮增多等可能对人体免疫系统造成不利影响，流感等呼吸系统、心血管疾病发生危险性增大。此外，未来高温热浪极端性增强，将导致中暑风险和心血管疾病的发病率和死亡率上升。

二、应对气候变化的对策建议

IPCC 第六次评估报告结论显示，人类活动已经引起了大气、海洋和陆地的变暖，预计到 21 世纪中期，历史累积排放的温室气体还在持续出现温室效应，气候系统的变暖仍将继续上升一段时期。湖北省气象局金沙国家大气本底站监测显示，大气中二氧化碳浓度以每年 2.7 ppm* 的增长率呈上升趋势，因此要控制全球变暖，必须大幅度减少温室气体的排放，实现碳中和。同时，未来全球将持续变暖，极端灾害将更加频发，对生态系统、人类健康、粮食和水资源、经济社会发展将带来影响，因此应对气候变化需要统筹兼顾减缓和适应。

当前，湖北省处于重要战略机遇期，经济正由高速增长阶段转向高质量发展阶段，气候变化问题将会从多方面、多角度影响到全省高质量发展。以应对气候变化为目标，大力推动构建绿色低碳循环发展的经济体系，将为全省在转变经济发展方式上走在全国前列创造难得的机遇。为此，需要及早谋划，提出气候变化的适应和减缓措施，确保全省 2050 年与全国同步实现现代化强国建设目标。

（一）把碳达峰和碳中和纳入全省高质量发展大局中统筹考虑

习近平总书记强调，实现碳达峰和碳中和是一场广泛而深刻的经济社会系统性变革。二氧化碳排放总量达峰要依靠碳强度降低、产业结构优化、能源结构优化、能源消费总量控制等诸多措施来支撑，因此要将控制碳排放、实现碳排放总量达峰放到全省经济高质量发展大局中来统筹考虑，制定湖北省应对气候变化中长期规划，完善减缓和适应政策的顶层设计，加强碳达峰、碳中和相关研究，加强温室气体及碳中和监测评估工作，深入推进碳排放权交易，打造全国碳金融中心。

（二）控制温室气体排放，努力推进“双碳”行动

要采取切实有力措施，推动未来 30 年湖北省经济结构、能源结构、产业结构转型升级。加强温室气体与大气污染物协同控制；调整产业结构，加快产业绿色低碳转型，打造绿色制造体系，壮大战略性新兴产业，培育低碳新兴服务业；提高能效，推进工业、建筑、交通、商业、公共机构等和信息化领域节能；优化能源结构，完成能源消费总量和强度双控，推动化石能源清洁化利用，挖掘风能、太阳能、水能等非化石能源的开发潜力，提高三峡等水能资源本地化利用比例；控制好工业、农业、废弃物等领域非能源活动温室气体排放；增加森林、湿地、农田等生态系统碳汇；持续推进低碳试点示范工作，形成中部地区、长江经济带乃至全国可复

---

* 1 ppm$=10^{-6}$，下同。

制、可推广的样板。

(三)积极适应气候变化工作,强化气候安全保障

(1)趋利避害优化农业布局,保障粮食安全。开展农业气候资源精细区划,优化粮食作物布局,科学调整品种熟性,选种抗逆性强品种;挖掘山区气候资源优势,打造柑橘、茶叶等特色农业优势产业带;提高水产养殖防范气象灾害能力,推广"鱼稻"等综合生态循环农业模式;建设高标准农田,完善灌排体系,提高农田防洪抗旱能力;强化极端气候事件监测预报及信息服务,发展农业天气指数保险,增强农业防灾减灾能力。

(2)保障水资源和水生态安全,提升水旱灾害风险管理能力。根据气候变化规律,坚决执行最严格水资源管理制度,完善用水总量、用水效率控制等制度,大力推动全社会节约用水;深化水权改革,强化水资源调度管控,确保水资源安全。加大饮用水水源地保护力度,加强河湖管理保护,建立流域生态保护补偿机制,确保水生态水质安全。加快推进重大水利工程、中小河流和病险水库治理、行蓄洪区安全建设,提高对山洪、地质灾害的监测预警能力,全力提升水旱灾害风险防御能力。

(3)加强气候风险评估和灾害预警,保障城市安全运行。强化气候适应城市建设理念,将气候变化因素纳入城市各类规划,将气候风险评估贯穿城市规划、设计、审批的全过程。根据气候变化规律和新特点,加强城市基础设施气候可行性论证工作,提升城市基础设施设计标准,提升城市防灾减灾功能。进一步完善城市气象灾害立体监测网络和预报预警体系以及应急保障服务能力,着力提高对中小尺度灾害性天气的预报预警精度。通过海绵城市、通风廊道、人工影响天气工程建设,改善城市生态环境和风循环,减缓城市热岛效应。

(4)提升应对极端气候事件的能力,保障湿地和森林生态系统安全。加强极端气候事件对湖泊湿地生态系统影响的监测和评估,根据气候变化规律科学规划湖泊湿地生态产业布局,继续加大退田还湖力度,科学修复退化湿地,增强极端天气条件下湿地蓄洪、调峰能力。开展濒危生物栖息地气象灾害风险区划,切实维护湖泊湿地生物多样性。实施林业重点工程,启动长江中游和汉江中下游两大森林城市群建设。提升森林防火能力,加强林业有害生物防治,对生物多样性敏感区建立森林分布变迁缓冲区及物种南北向迁移通道,加大重点物种保护力度。

(5)完善疾控预防和公共卫生体系,切实保障人民群众健康和生命安全。加强疾病预防控制体系建设,完善公共卫生事件监测网络,加强气候和对气候变化敏感性疾病的风险评估、监测、预警,加强血吸虫疫情扩散风险区域钉螺查灭的防控。完善卫生应急体系建设,制定洪涝、干旱、高温等不同灾种自然灾害卫生应急工作方案,做好自然灾害、极端天气卫生应急工作。加强极端天气气候事件对人群健康影响,气候变化对呼吸系统、心血管疾病、血吸虫传播影响等研究,加强极端天气气候条件下老人、儿童等重点人群健康管理服务。

(6)完善综合防灾减灾体系,健全气候变化风险管理机制。完善极端灾害多发区和高影响行业气象、水文、地质等防灾减灾基础监测体系,加强极端天气气候事件影响机理研究,提高预报预测和风险预警服务能力。完善防灾减灾防御机制,完善防灾减灾救灾组织体系和制度体系,建立自然灾害风险普查和风险区划制度,扎实做好全省自然灾害风险普查。完善

综合防灾减灾应急预案，建立灾害风险管理制度，推动建立巨灾保险制度。增强航空应急救援、应急物资储备、避难场所建设等应急处置能力。

（四）开展全民行动，不断提升应对气候变化的意识

要加强气候变化科普宣传，通过传统媒体和新媒体相结合的方式进行全方位宣传，通过在小学、中学教学中增设气候变化科普讲座、在高校增加气候变化选修课等方式，广泛宣传气候变化及其对人类社会的影响、碳达峰、碳中和等相关知识，倡导人们绿色消费、低碳出行的风气，推动应对气候变化理念深入人心。

拉尼娜事件可能致海南省出现冷冬情况的报告

吴慧　胡德强　陈小敏

（海南省气候中心　2021 年 11 月 5 日）

摘要：根据海南省气象局对 2021 年冬季（2021 年 12 月至 2022 年 2 月，下同）可能出现的拉尼娜事件的深入研究及分析，预计 2021 年冬季将发生一次弱到中等强度的拉尼娜事件，海南省平均气温将较常年偏低，有可能出现冷冬。冬季冷暖的阶段性明显，冬季前半段偏暖、后半段偏冷，其中，1 月下半月至 2 月上半月，五指山以北地区可能出现阶段性的中到重度低温阴雨天气过程，海上大风和琼州海峡大雾灾害可能重于常年，可能造成冬种瓜菜生长缓慢或减产，岛内菜价有可能出现阶段性上涨，建议加强瓜菜种植品种选配，合理安排瓜菜播期、移栽期及水肥管理，进一步做好运输保障工作。

一、2021 年冬将形成弱到中等强度的拉尼娜事件

根据国家气候中心监测，2021 年 7 月以来，赤道中东太平洋海温持续下降（图 1），10 月已进入拉尼娜状态。根据赤道太平洋海洋大气环流现状以及国内外气候动力模式和统计方法预测结果综合分析，赤道中东太平洋将在冬季发生一次弱到中等强度的拉尼娜事件。

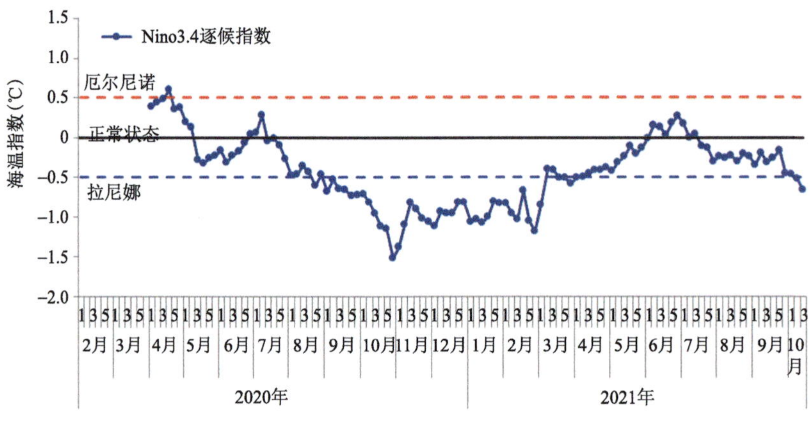

图 1　Niño3.4 区* 海温指数逐候演变

* Niño3.4 区为赤道中东太平洋海表温度监测关键区，用于反映厄尔尼诺/拉尼娜状态。

二、历史上拉尼娜事件对海南省冬季气候影响分析

拉尼娜事件发生后，会通过海-气相互作用影响大气环流，从而对海南省冬季气候产生影响。研究表明，拉尼娜事件对海南省冬季气候的影响显著，主要体现为影响的冷空气将偏强偏多，平均气温偏低概率增大，同时易发生阶段性强降温天气过程，低温冷害灾情偏重。

（一）冬季易偏冷，冷冬概率增大

自1961年以来，海南省共有14次拉尼娜年冬季，其中有11个冬季平均气温不同程度偏低，偏低概率为78.6%，比其余年份（中性年或厄尔尼诺年）冬季平均气温偏低概率明显提高。此外，尽管20世纪80年代中期以来全球气候变暖态势明显，但冬季平均气温偏低的概率仍高达77.8%。

14次拉尼娜年的冬季中有5年为冷冬（图2），出现冷冬的概率为35.7%，是其余年份的2.34倍（中性或厄尔尼诺年冷冬概率15.2%）。特别是自2000年以来，6个拉尼娜年冬季中已经出现了3个冷冬年，冷冬概率增大。

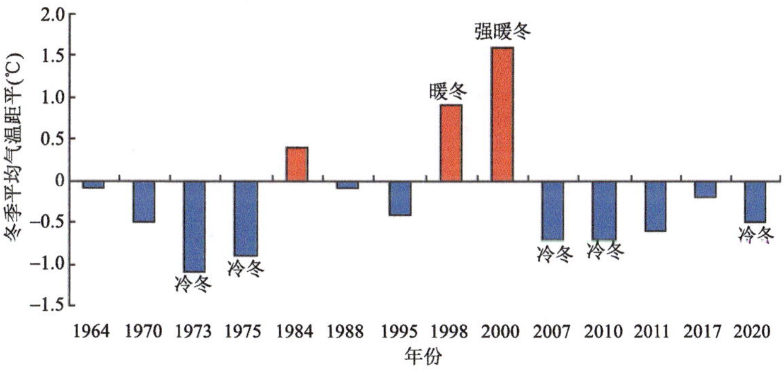

图2 拉尼娜年海南省冬季平均气温距平

（二）阶段性强降温过程易发，低温阴雨灾害偏重

1961年以来，拉尼娜年冬季海南省区域性重度低温阴雨天气过程发生概率达到73.3%，比正常年份偏高30%。拉尼娜年冬季，气温变化的阶段性明显，气温剧烈波动对农业生产和人民群众的健康容易产生不利影响。

2007年冬季海南省出现1951年以来最严重的低温阴雨灾害事件。受中等强度拉尼娜事件影响，该年冬季后期（2008年1月下旬中期至2月中旬中期）全省出现历史罕见的长时间、大范围重度低温阴雨天气过程，农作物受灾面积14.97万公顷，成灾面积5.81万公顷，绝收面积1.54万公顷，农业直接经济损失达7.961亿元；大牲畜死亡0.94万头，直接经济损失3745.5万元；水产养殖业受灾面积约11.6万亩*，成灾面积6.1万亩，直接经济损失达2亿元；低温阴雨还使煤气中毒事件频发，海口、儋州等地有30多人煤气中毒，3人死亡。此次低温阴雨事件共造成全省直接经济损失10.96亿元。

---

* 1亩=666.67平方米，下同。

2020年冬季，受中等强度拉尼娜事件影响，2021年1月上中旬大部分市（县）的最低气温均为20世纪70年代中期以来最低，海南岛中部山区部分市（县）出现多年未见的霜冻天气，1月上旬后期至中旬前期全省出现一次大范围的轻到中度低温阴雨天气过程，对我省农业造成了不同程度的影响，如中部山区橡胶树叶片卷曲脱落、枯枝、少量割面爆胶，开花期的火龙果结果受影响，挂果期的芒果长势缓慢，部分未采取防寒措施的瓜菜长势偏慢、上市推迟。

三、海南省2021年冬季可能再次偏冷

从目前气候监测的情况看，各项大气环流指数已表现出对赤道中东太平洋低海温的响应。10月海南省也呈现出类似拉尼娜状态年的异常气候特征：影响和登陆全省的热带气旋个数均较常年偏多；月降水量异常偏多（全省平均偏多约1.1倍，居历史同期第3位）；影响全省的冷空气偏强，中旬和下旬前中期阶段性降温明显。

（一）拉尼娜事件对海南省2021年冬气候影响的分析

预计2021年冬季影响海南省的冷空气活动总体偏强，全省平均气温较常年偏低，有可能出现冷冬年。

冬季冷暖变幅较大，气温的阶段性变化特征明显，大致表现为冬季前半段暖、后半段冷，其中，1月下半月至2月上半月，五指山以北地区可能出现阶段性的区域性中到重度低温阴雨天气过程；冬季降水量偏少，大部分市（县）可能出现不同程度的气象干旱；冬季海上大风和琼州海峡大雾灾害可能重于常年，主要出现时段可能在1月下旬至2月上旬期间。

与2020年冬季气候相比，2021年冬季海南省平均气温偏低的程度可能接近2020年，季节内冷暖变化进程与2020年可能相反（2020年为冬季前半段冷、后半段暖），低温阴雨程度接近2020年或略偏强，但出现时间可能推迟至1月下半月至2月上半月。

（二）拉尼娜事件对全国陆地今冬影响分析

据国家气候中心的预测，2021年冬季影响我国的冷空气活动频繁，势力偏强，中东部地区气温总体以偏低为主，东北、华北、西北地区东部、新疆北部等地可能出现阶段性强降温、强降雪过程，西南地区东部和江南西部等地可能发生阶段性低温雨雪冰冻天气。降水总体呈北多南少分布，东北地区北部、华北大部、黄淮北部、西北地区东部、西南地区北部、新疆北部等地降水较常年同期偏多，全国其余大部分地区降水接近常年同期或不同程度偏少。

四、建议

（1）2021年冬季海南省可能出现冷冬，阶段性降温明显，可能会造成冬种瓜菜生长缓慢或减产，加之冬季琼州海峡大风天气和大雾天气可能偏多的不利影响，冬季岛内菜价有可能出现阶段性上涨，建议加强全省蔬菜种植及调配工作。

（2）2021年冬季海南省气候可能偏干冷，冬季瓜菜种植品类宜选择大众喜好的瓜菜种类中的耐寒耐旱品种；同时加强冬季瓜菜种植水肥管理，合理安排瓜菜播期和移栽期，尽量使瓜菜开花期和挂果期避开阶段性低温的影响。

10月江西省降水继续偏少、气温偏高，气象干旱将进一步发展蔓延并加剧

胡菊芳[1] 赵冠男[1] 张娟娟[1] 李柏贞[2] 田俊[3] 宾振[4]

（1.江西省气候中心；2.江西省生态气象中心；3.江西省农业气象中心；
4.江西省人工影响天气办公室 2021年9月27日）

摘要：2021年9月以来的异常暖干气候，导致江西省气象干旱再次发展蔓延，中旱以上地区的覆盖面积占全省土地面积的54.8%，且赣中、赣南部分地区和赣北局部地区出现了重度及以上气象干旱。期间，全省共组织开展人工增雨作业290次，发射火箭弹344枚，累计影响面积2.82万平方千米，累计增加降水0.56亿吨。

预计10月全省降水继续偏少、气温偏高，高森林火险天气将较常年同期偏多，气象干旱也将继续发展蔓延并加剧。各地应继续做好防暑降温、农业抗旱和水电保障等工作；抓住一切有利天气条件，开展人工增雨作业；加强林火监测、值班值守及应急联动，提高火情早期处置能力。

一、7月2日以来的天气气候特点

2021年7月2日以来，江西省气温显著偏高，高温日数明显偏多；降水偏少且时空分布不均，中南部降水偏少达4成左右。

降水明显偏少，中南部局部创新低。全省平均降水288毫米，较常年同期偏少2.5成。其中，中南部降水偏少近4成，为1961年以来同期第8低位，且广昌、安福、会昌等3县累计降水创历史同期新低。

南部无雨日数明显偏多。全省无雨日数平均57.4天，较常年同期偏多3.7天。其中，赣南无雨日数平均57.4天，偏多8.1天，排同期第5高位，且安远和寻乌两地无雨日数创同期新高。

高温日数偏多，中南部部分地区平均气温创新高。全省平均高温日数偏多9.5天；平均气温28.8 ℃，偏高1.1 ℃，为历史同期第3高位。其中，中南部和赣北西南部地区有22个县（市、区）创历史同期新高。

9月气候异常暖干。9月以来，全省平均降水28毫米，偏少6.1成，为1961年以来同期第8低位；平均相对湿度73%，排历史同期第3低位；平均气温偏高2.8 ℃，创历史同期新高；平均高温日数偏多7.9天，创历史同期新高。其中，中南部峡江、新干、安福等38个县（市）高温日数创历史同期新高。

二、干旱监测情况

(一)气象干旱范围广,局部旱情重

据气象干旱综合指数动态监测,江西省气象干旱始于7月上旬,至8月上旬,部分地区开始出现中到重度气象干旱。受8月中旬的持续性雷雨天气影响,全省气象干旱一度得到明显缓解。但到9月以后,受异常暖干气候影响,全省气象干旱又再度发展,且强度超过8月上旬(图1)。至9月25日,全省中旱以上地区的覆盖面积占全省土地面积的54.8%,赣中、赣南部分地区和赣北局部地区出现重度及以上气象干旱。

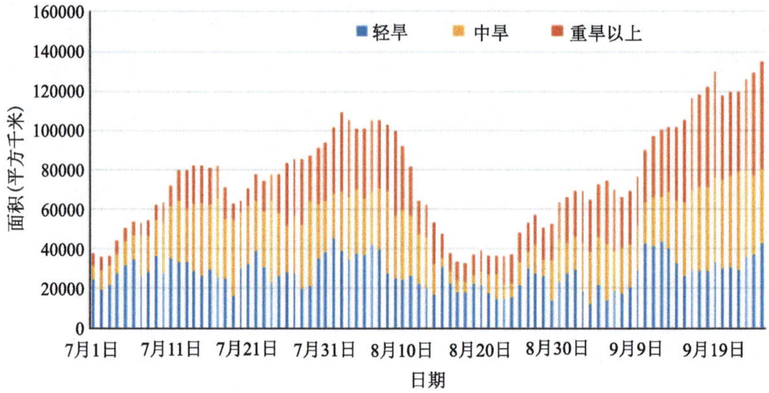

图1 2021年7月1日—9月25日全省不同等级干旱覆盖面积

(二)土壤墒情明显变差

气象部门10厘米土壤相对湿度监测显示,盛夏(7—8月),江西省大部分时段土壤相对湿度高于60%,土壤墒情总体较适宜。从8月底开始,土壤墒情自南向北明显变差;至9月23日,全省有63.7%的面积土壤相对湿度低于60%。其中,赣州、吉安两市有7.7%的面积土壤相对湿度低于40%,土壤墒情明显变差。

(三)鄱阳湖水域面积缩小加速

根据9月22日MODIS/Terra卫星资料监测,鄱阳湖主体及附近水域面积为2664平方千米,较近10年同期(2383平方千米)偏大1.1成。但从动态监测情况来看,从7月21日的3119平方千米,到8月30日的2927平方千米,40天仅缩小了192平方千米,而从8月30日开始到9月22日,23天面积就减少了263平方千米,鄱阳湖水域面积呈现出加速缩小的态势(图2)。

三、气象干旱影响分析

7月中旬至8月上旬是江西省气象干旱发展的第一个阶段,但干旱持续时间并不长,且8月中旬的持续雷雨有效缓解了气象干旱。但进入9月后,异常暖干的气候导致气象干旱迅速发展蔓延,其中中南部部分地区农作物不同程度出现旱情,局部地区出现居民饮水困难现象。

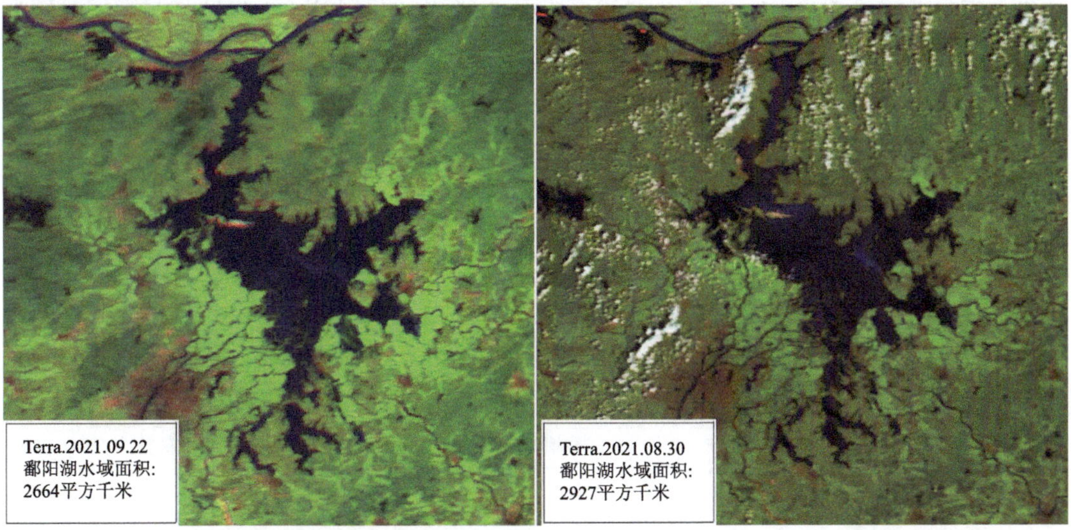

图 2　2021 年 9 月 22 日(左)与 8 月 30 日(右)鄱阳湖水体变化监测

据初步统计,7 月至 9 月 27 日,吉安市峡江、新干、安福等 8 个县(市、区)出现旱情,受灾 10 万余人;因旱饮水困难需救助 240 人;农作物受旱面积 12287 公顷,绝收 979 公顷,受灾农作物以水稻为主。

四、人工增雨作业情况及效益评估

7 月 2 日至 9 月 23 日,围绕空气质量改善、降低森林火险等级、减缓气象干旱发展和补充水资源等需求,全省大力开展了人工增雨作业。期间全省组织开展地面作业 290 次(火箭作业 137 次,碘化银发生器作业 153 次),发射火箭弹 344 枚,燃烧烟条 243 根。累计影响面积 2.82 万平方千米,增加降水 0.56 亿吨。

五、10 月气候趋势预测及气象干旱预估

(一)10 月气候趋势预测

预计 10 月江西省气温继续偏高,降水偏少且时空分布不均,高森林火险天气较常年同期偏多,气象干旱将继续发展蔓延并加剧。

降水明显偏少。预计全省平均降水 45～60 毫米(历史均值 64 毫米),较常年偏少 1～3 成。其中,赣北 50～65 毫米,偏少 0～2 成;赣中 45～60 毫米、赣南 35～45 毫米,均偏少 2～4 成;高森林火险天气偏多。月内主要降水过程有 2 次,可能出现在 10 月 15—17 日和 28—29 日。

气温偏高。全省平均气温 20～21 ℃(历史均值 19.5 ℃),偏高 0.5～1.5 ℃。其中,赣北赣中平均气温 19.5～20.5 ℃,偏高 0～1 ℃;赣南 21～22 ℃,偏高 1～2 ℃。

(二)气象干旱预估

根据 10 月气候趋势预测,利用全省气象干旱综合指数预估发现,10 月中旬到月底,全省

气象干旱将继续发展蔓延，中旱范围将覆盖全省大部（图 3）。其中，中南部重旱范围将明显扩大，旱情可进一步加重。

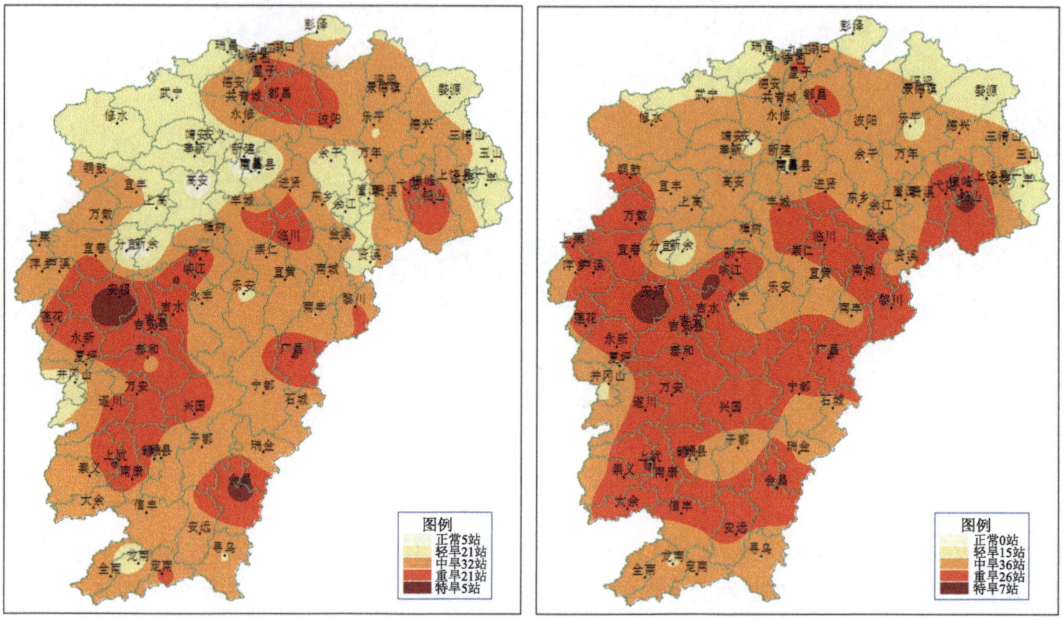

图 3　2021 年 10 月 15 日（左）和 30 日（右）MCI 气象干旱指数预估

六、建议

（1）做好防暑降温和水电保障等工作。近期江西省高温天气仍将持续，水电供应处高峰期，各地要继续做好防暑降温抗旱等工作。要在保障城乡居民生活用水的基础上，强化水电调度。户外作业要尽量避开午后高温时段，并注意做好雷电防护。

（2）大力开展人工增雨作业。预计 10 月气象干旱将继续发展蔓延并加重，各地应抓住一切有利天气条件开展人工增雨作业，以降低森林火险等级、改善土壤墒情和补充水资源。

（3）加强林火监测、值班值守及应急联动，提高火情早期处置能力。预计 10 月全省高森林火险天气将较常年同期偏多，各地要切实加强对高森林火险天气的预报预警，加强卫星遥感对森林热点的监测，加密森林防火巡护密度，强化值班值守、调度与应急联动，提高火情早期处置能力。

（4）抓好农业防旱抗旱工作。加强对油菜、蔬菜等秋冬种植作物的抗旱分类技术指导，因时因地落实农业应对干旱的技术措施。

2020年10月以来广东省温高雨少，预计粤东气象干旱仍将持续发展

陈蔚翔　黄冬三　陈玥熤
（广东省气象局　2021年4月15日）

摘要：2020年10月下旬以来，广东省天气气候异常，气温显著偏高，破历史同期最高纪录；全省平均降水量188.6毫米，为历史同期第三少，多地发生秋冬春连旱。预计，4月下旬至5月广东省降水仍将偏少，粤东地区难有大面积持续性强降水，气象干旱将持续发展，5月上旬末的降水过程将使旱情有所缓解，但完全解除旱情可能要到台风暴雨季。建议各部门继续加强防范气象干旱的不利影响，强化用水调度，做好农业生产和生活用水保障，抓住有利时机开展人工增雨作业。

一、2020年10月下旬以来广东省温高雨少，粤东地区气象干旱仍将持续

（1）广东省出现历史罕见的高温少雨天气。受拉尼娜事件影响，2020年10月下旬以来（2020年10月21日至2021年4月22日），全省温高光足，降水偏少。全省平均气温18.5 ℃，较历史同期偏高1.6 ℃，破历史同期最高纪录；全省平均降水量189.1毫米，较历史同期（450.5毫米）偏少58%，为历史同期第三少，其中陆丰、丰顺、惠来、大埔、广州等15个市（县）雨量偏少破历史同期最少值记录。2021年以来，全省仅出现过4次明显的降水过程（2月9—10日、3月6—7日、4月8—9日及4月14—19日），全省平均降水量168.3毫米，较历史同期（357.0毫米）偏少53%。

（2）粤东地区气象干旱严重。受前期阶段性降水影响，目前粤西和粤北气象干旱已基本缓解，但粤东地区气象干旱仍在持续，且达到特旱级别。据最新气象干旱监测显示，全省21个市（县）达到特旱级别，主要分布在大埔、东莞、增城、博罗、惠阳、惠东、惠来、紫金、揭西、丰顺、潮州、饶平、普宁、潮阳、揭阳、汕头、澄海、南澳、海丰、汕尾、陆丰等市（县），11个市（县）达到重旱级别，中旱以上区域覆盖面积为7.41万平方千米，占全省面积的41.2%（图1）。

二、全省汛期降水总体偏少，粤东地区旱情完全解除可能要到台风暴雨季

（1）全省汛期降水总体偏少，且区域分布不均。预计，2021年全省汛期总降水量除西南及珠三角部分地区偏多1～2成外，其余地区偏少1～2成。前汛期（4—6月）雨量除粤西偏多1～2成外，其余地区偏少2成左右（图2）；后汛期（7—9月）雨量除粤北东部及粤东偏少1～2成，其余偏多1～2成（图3）。登陆或严重影响广东的热带气旋5～7个，较历史同期

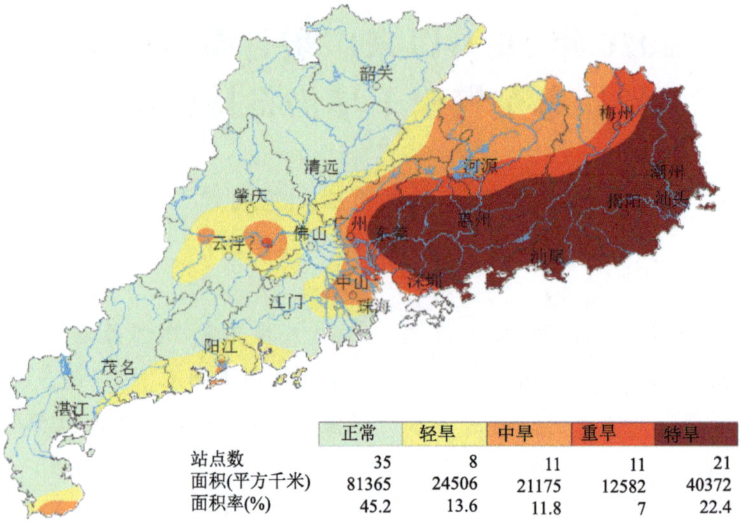

图 1　2021 年 4 月 23 日 08 时气象干旱监测

(5.2 个)偏多,初旋较历史同期(6 月 25 日)偏早;终旋接近历史同期(9 月 27 日)。

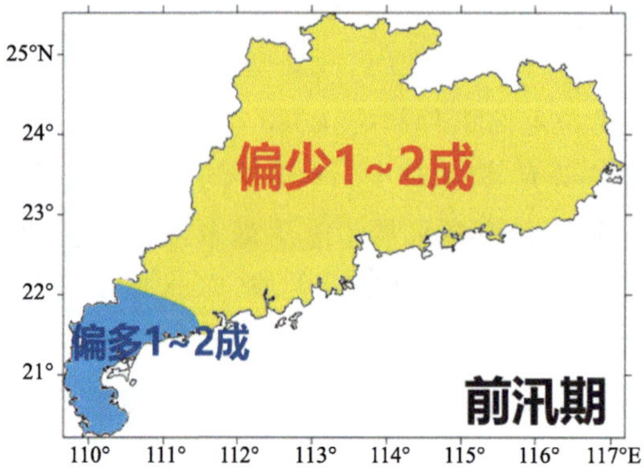

图 2　前汛期降水距平百分率预测

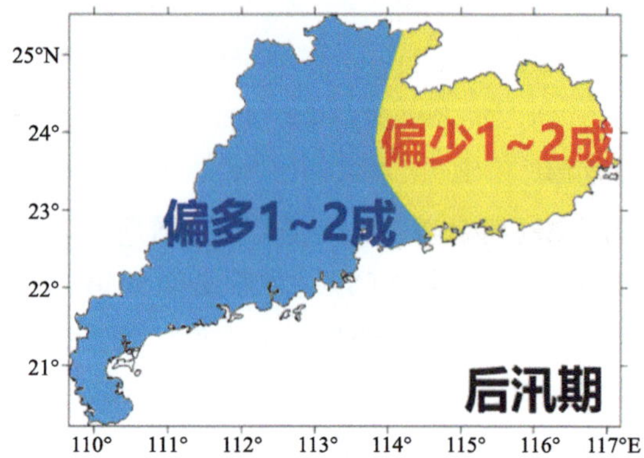

图 3　后汛期降水距平百分率预测

5 月广东省大部分地区降水偏少。预计,5 月全省气温大部略偏高,降水除粤西偏多外,其余大部地区偏少。期间有 5 次降水过程:5 月 3—5 日、5 月 8—12 日、5 月 15—19 日、5 月 23—25 日、5 月 29—31 日。

(2)粤东地区旱情完全解除可能要到台风暴雨季。预计,粤东地区前汛期降水偏少2～4 成,降雨量为 350～850 毫米;“龙舟水”(5 月 21 日至 6 月 20 日)期间降水偏少 4 成,降雨量为 150～300 毫米。主要降水过程有:5 月 3—5 日(小到中雨)、5 月 8—11 日(中到大雨)、5 月 29—31 日(中到大雨)、6 月 9—12 日(小到中雨,局部大雨)、6 月 17—19 日(中到大雨)、6 月 24—29 日(中到大雨)。其中,5 月上旬末的降水过程虽使粤东旱情有所缓解,但粤东地区难有大面积持续性强降水,过程累积雨量不大,不能解决水库库容严重不足问题,旱情仍然严峻,完全解除旱情可能要到台风暴雨季。

(3)未来10天天气预测。预计4月23—24日，全省大部晴到多云；25—26日，韶关、清远有小到中(雷)雨局部大雨，其余市(县)分散阵雨；27日，全省多云到阴天，部分市(县)有短时阵雨；28—29日，粤北、珠江三角洲北部市(县)多云转中到大雨，局部暴雨，粤东市(县)有分散小雨，其余市县有(雷)阵雨局部大雨，部分市(县)伴有7～8级短时大风和强雷电等强对流天气；4月30日至5月1日，全省大部多云。

三、相关建议

(1)强化用水调度，合理用水、科学用水。建议加强综合动态研判，制定科学合理的用水调度方案，采用错峰供水、抽取地下水、推行节水技术等方式，高效利用有限的水资源；强化节水保水措施和宣传，提高群众节水主动性和自觉性。

(2)加强部门联动，提升监测预报预警能力。通过土壤墒情加密观测、卫星遥感监测和田间调查等，开展旱情实时监测分析；并进一步加强气象、水文、应急、农业部门联合会商，切实做好干旱发展趋势的预报预测及影响评估，做到监测到位、预报准确、预警及时，为科学决策提供保障。

(3)集中全省力量，抓住有利时机开展人工影响天气作业。组织召开人工影响天气工作领导小组会议，科学调配全省人工增雨装备和队伍支援粤东地区，密切监测天气变化，及时发布人工增雨作业潜势预报，确保抓住一切有利天气过程，积极组织实施人工增雨作业，尽最大努力缓解旱情影响。

近期强降雨缓解滇中及以东以南气象干旱，未来滇西、滇西北气象干旱仍将持续

王学锋　杨鹏武　马思源　李蒙
（云南省气象局　2021 年 4 月 8 日）

摘要：2021 年 4 月 4—6 日，云南省气象部门抓住有利时机开展大规模人工增雨作业，全省出现大范围强降雨，滇中及以东以南地区气象干旱得到不同程度缓解，但滇西、滇西北地区气象干旱持续。预计 4 月中旬以前滇西、滇西北地区降水稀少，气象干旱仍将持续，需重点关注干旱影响和高森林火险气象等级。

一、近期云南省出现强降雨过程，滇中及以东以南气象干旱得到不同程度缓解

2021 年 4 月 4—6 日，全省气象部门配合降水天气过程，抓住有利时机开展大规模空地结合人工增雨作业，累计实施飞机增雨作业 7 架次、地面增雨作业 438 点次，作业影响区出现明显降水。

4 月 4 日 08 时至 7 日 08 时，全省 125 个国家级气象站中 115 个站（占 92%）出现降水。降水分布大致呈东南多西北少的趋势，滇中及以东以南的 83 个站（占 66%）降水超过 10 毫米，其中，昆明市南部、曲靖市南部、楚雄州东南部、玉溪市、文山州、红河州、西双版纳州、普洱市南部等地的 51 个站超过 25 毫米，文山州西部、红河州中南部、普洱市东部、西双版纳州东部的 15 个站超过 50 毫米，绿春、勐腊 2 站超过 100 毫米（图 1）。

本次降雨过程使云南省目前严重的气象干旱得到不同程度的缓解，与 4 月 4 日相比，4 月 7 日全省气象干旱站数由 120 个减少到 56 个，其中，重旱、特旱分别减少 26 个、20 个，滇中及以东以南地区气象干旱大幅度缓解，文山州、红河州、西双版纳州、普洱市、玉溪市、楚雄州、昆明市大部、曲靖市南部等地气象干旱得以解除。但滇西和滇西北降水稀少，仍维持重度以上气象干旱，迪庆州、怒江州、丽江市等气象干旱有所发展（图 2）。

二、4 月中旬滇西和滇西北地区气象干旱仍将持续

预计未来 10 天云南省仅东部和东南部边缘地区有小雨天气过程，目前气象干旱严重的滇西、滇西北地区降水仍然稀少，加之前期降水亏欠太多，气象干旱仍将持续。

三、关注重点及建议

（1）未来滇西和滇西北地区仍持续重度以上气象干旱，各地应落实抗旱措施，加强用水管理，抓住有利天气条件适时开展人工增雨作业。

（2）目前干旱地区高温少雨、风干物燥，森林火险气象等级居高不下，发生森林和城乡火灾的气象风险高，需采取有效措施加强防范。

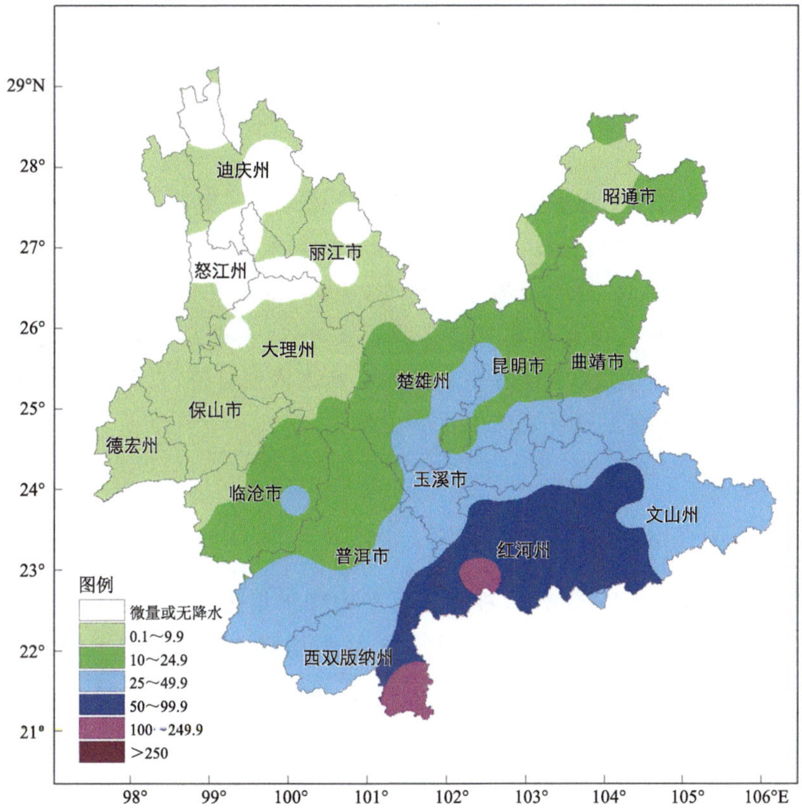

图1　2021年4月4日08时至7日08时降雨量分布

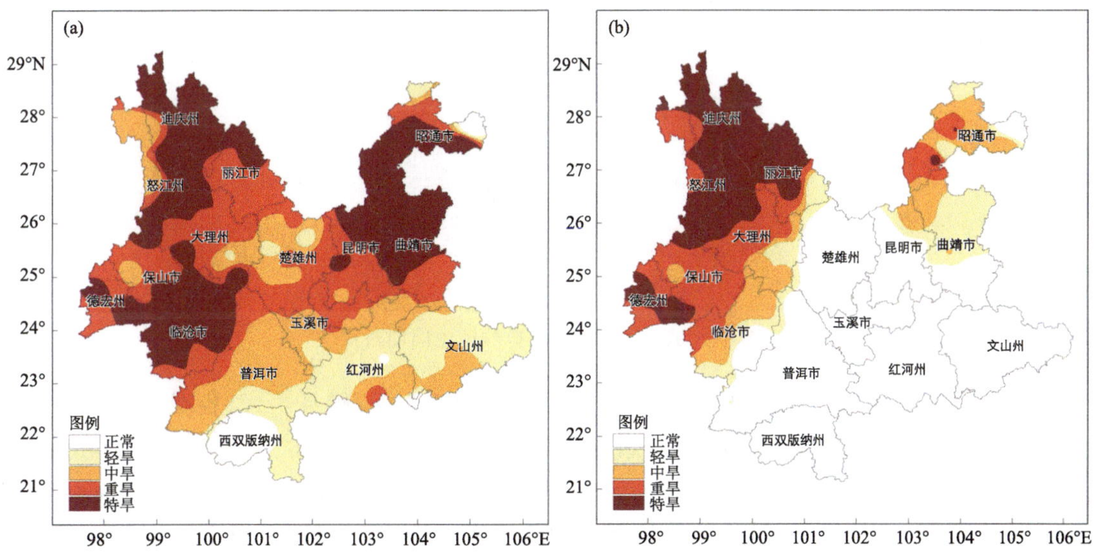

图2　2021年4月4日(a)和4月7日(b)气象干旱监测

2020 年雄安新区降水情况及政策建议

李彦　付桂琴　花家嘉

（河北省雄安新区气象局　2020 年 9 月 8 日）

摘要：2020 年 1—8 月雄安新区平均降水量较历史同期偏多 45%，其中，8 月平均降水量为建站以来同期最多，8 月 12 日出现今年最强降水过程。2020 年汛期降水具有盛汛期明显推迟，降水分布极不均匀，大风、雨强突破历史极值等特点。为新区气象防灾减灾和安全建设施工提出的政策建议：一是尽快开展重大气象灾害风险评估与对策研究，二是加快雄安新区气象观测体系建设，三是完善气象灾害防御工作机制，四是加强工地气象灾害防御工作。

一、2020 年降水情况

2020 年（1 月 1 日至 8 月 31 日），雄安新区平均降水量为 571.8 毫米，较历史同期偏多 45%，较常年全年值（480.9 毫米）偏多 19%。8 月平均降水量为 371.8 毫米，较历史同期（110.0 毫米）偏多 2.4 倍，为建站以来最多，其次是 1963 年（335.8 毫米）；6 月至 7 月平均降水量为 98.4 毫米，较历史同期（214.8 毫米）偏少 54%，其中，6 月平均降水量仅 7.4 毫米，为建站以来第二少，最少出现在 1968 年（4.1 毫米），各月具体数据见图 1。

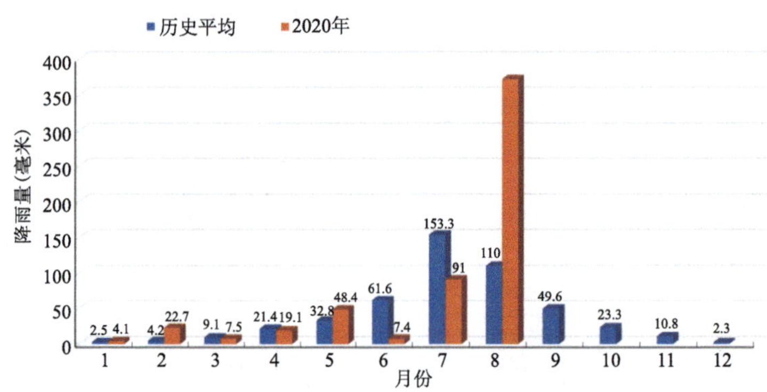

图 1　2020 年各月降水量与历史同期对比

暴雨集中出现在 8 月，当月全区平均暴雨日数为 3.3 天（雄县 4 天、容城 3 天、安新 3 天），较常年（0.5 天）偏多 2.8 天，为建站以来最多，其次是 1966 年（3 天）。8 月 12 日出现今年最强降水，全区平均降水量为 106.0 毫米，24 小时累积降水量最大值为 241.4 毫米（接近历史极值，1991 年 7 月 28 日出现在雄县，263.4 毫米），最大小时雨量为 125.9 毫米，其中 18:05—18:09 的 5 分钟雨量达 17.9 毫米，均出现在雄县的王家房。

二、2020 年汛期降水特点

(一)盛汛期明显推迟

雄安新区常年 6 月开始入汛,7 月降水最多,有“七下八上”盛汛期之称。而 2020 年入汛以来,6 月、7 月降水量分别较历史同期偏少 88%、41%,出现全区阶段性气象干旱。8 月降水过程多、雨量大,共出现 6 次强降水过程,月降水量较常年偏多 2.4 倍,部分时段出现城市内涝、农田渍涝等灾害,旱涝急转特征明显(图 2)。

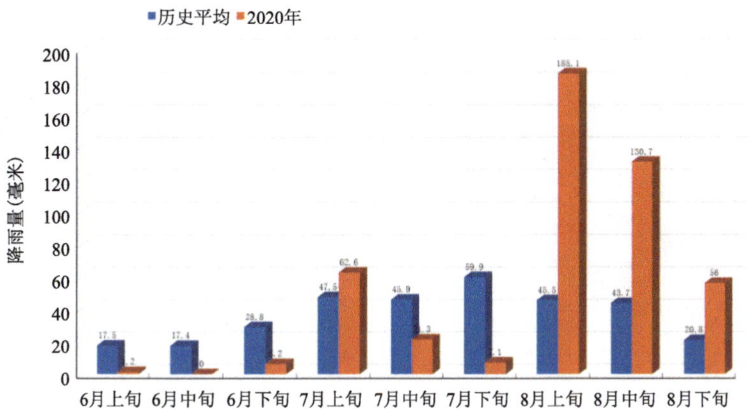

图 2　2020 年 6—8 月逐旬降水量与历史同期对比

(二)降水分布极不均匀

雄安新区强降水出现区域随机性强,无明显规律(图 3)。6 月最大降水量出现在安新县刘李庄(41.1 毫米),最小出现在容城小里站(0.7 毫米),最大值是最小值的 58 倍。7 月最大降水量出现在雄县米家务(151.4 毫米),最小出现在安新县三台(41.1 毫米)。8 月最大降水量出现在雄县王家房(465.3 毫米),而最小出现在安新白洋淀景区(163.8 毫米)。在 8 月 1 日夜间的强降水过程中,雄县和容城西北部出现两个强降水中心,雄县站降水量最大(140.2 毫米),安新端村镇降水量最小(6.7 毫米),两者相差近 20 倍,降水分布极不均匀。7 月 2 日雄县米家务降水量最大为 101.3 毫米,而距其仅 6 千米的昝岗降水量 15.1 毫米,相差近 6 倍。

(三)大风、雨强突破极值

7 月 2 日局地强降水过程中伴随大风天气,雄县站出现 11 级阵风,最大瞬时风速达到 28.8 米/秒,突破历史极值(次大值为 28.4 米/秒,2012 年 6 月 21 日);7 月 5 日雄安新区出现对流性降水,大多数地区出现 8 级以上大风,安新站出现 11 级阵风,最大瞬时风速达 29.2 米/秒,突破历史极值(次大值为 27.5 米/秒,2013 年 8 月 5 日)。8 月 12 日大暴雨天气过程,雄县王家房最大小时雨量达 125.9 毫米,超过河北省国家气象观测站最大小时雨量历史极值(1989 年 7 月 21 日出现在邢台广宗,125.5 毫米)。

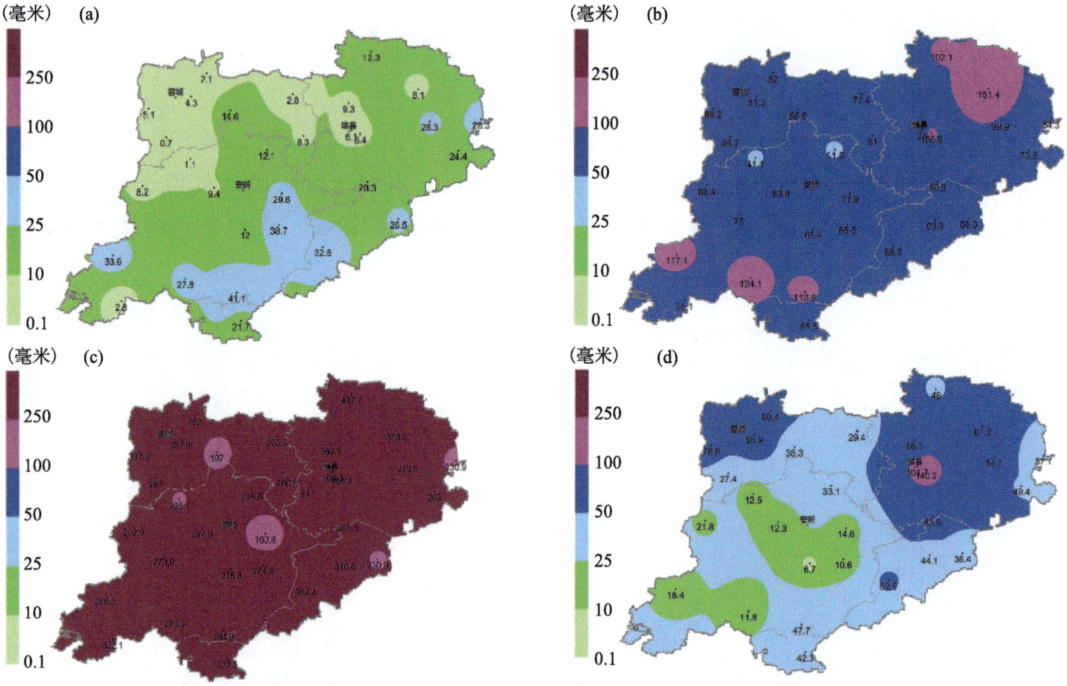

图 3　2020 年 6 月(a)、7 月(b)、8 月(c)和 8 月 1 日(d)降水量空间分布

三、政策建议

(一)尽快开展重大气象灾害风险评估与对策研究

京津冀地区是旱涝灾害多发的气候脆弱区，近百年至少发生过 9 次 400～500 毫米的暴雨洪水事件，2020 年汛期持续时间长，降水极端性强，多次突破历史极值和“百年一遇”标准，新区防汛减灾工作面临巨大压力。根据最新气候研究，在全球气候变化的大背景下，未来 10～20 年我国北方地区可能进入多雨期，年降水总量增加，要高度警惕发生区域性洪水的风险，高度警惕超强极端天气事件的发生。建议尽快开展大清河流域重大气象灾害风险评估及对策研究，搜集历史案例，总结应对经验，分析致灾规律，评估风险等级，制定防御标准，提出应对措施。

(二)加快雄安新区气象观测体系建设

《河北雄安新区智慧气象发展规划(2020—2035 年)》已经中国气象局和河北省人民政府联合印发，新区气象观测体系建设目标及年度任务已经十分明确，但是受新区规划建设影响，容城和雄县国家气象观测站探测环境面临破坏，多个区域观测站因为工地施工需要迁建，国家观象台建设项目因为选址进展缓慢，目前新区气候观测和重点区域监测能力不能满足服务保障新区需要。建议：一是加快智慧气象发展规划实施，推进与新区其他规划的融合。二是加快雄安新区气候观象台主站建设和其他辅站选址工作。三是推进淀区(白洋淀)生态、城市感知、工地保障等专业气象监测站建设。四是加强相控阵天气雷达、卫星等先进探测设施的应用研究，全面提升新区气象监测能力。

（三）完善气象灾害防御工作机制

2020 年汛期，新区防汛抗旱指挥部和气象灾害防御指挥部逐步形成了“一共享六联合”的紧密合作机制，显著提升了工作效率，节约了行政成本，但还存在一定的不足。建议：一是进一步加强气象灾害防御指挥部能力建设。充实新区气象灾害防御指挥部办公室工作人员，落实气象灾害防御专项工作经费，实现气象灾害防御指挥部办公室实体化运行。二是提升气象、水文等资料共享的信息化水平，建立一体化监测预警平台，通过技术创新和科研合作实现共享数据的高速、实时互通。三是尽快建立新区气象信息快速传播机制，充分利用短信、网站、电视、手机 APP 等各类传播手段，实现灾害性天气预警信息在重点部位、重点人群的全覆盖。四是全面开展气象防灾减灾绩效管理工作，将气象灾害防御纳入政府考核目标，各级政府应切实担负起主体责任，进一步完善和细化目标考核体系，全面提升气象灾害防御工作水平。

（四）加强工地气象灾害防御工作

在雄安新区建设阶段，各类施工单位和工地始终是气象灾害的敏感对象和敏感区域，暴雨、大风、雷电、低温、冰冻、暴雪等气象灾害都会对工地施工造成极大影响，工地气象灾害防御工作亟须规范与深化。建议：一是制定雄安新区工地气象灾害防御准备工作指导意见，规范工地气象设施建设、信息共享、预警传播、应急准备、应急联动及信息反馈等工作。二是建设工地气象灾害监测预警系统，实现基于位置的定制气象预报服务推送，气象灾害预警接收、响应、反馈、处置全流程监控管理。三是将工地气象灾害监管纳入安全监管范畴，同部署同考核。

9 月以来黄河中游遭受严重秋汛，晋陕豫降水量破历史极值，预计后期黄河中游降水将转为正常到偏少

周兵[1]　李威[1]　王凌[1]　王秋玲[1]　刘绿柳[1]　周星妍[1]　石柳[1]　袁媛[1]　郑志海[1]
刘月丽[2]　张丽君[3]　李茜[3]　王娜[3]　朱业玉[4]　刘雅星[4]　史恒斌[4]
（1.国家气候中心；2.山西省气候中心；3.陕西省气候中心；4.河南省气候中心　2021 年 10 月 12 日）

摘要：2021 年以来，我国降水空间分布极其不均，北方地区异常偏多。9 月以来，北方地区降水量为历史同期最多。黄河中游遭受伏汛秋汛，9 天内接连发生 3 场编号洪水。黄河中游降水量异常偏多、暴雨过程频繁、区域性极端性显著、累积放大效应明显；阴雨多、日照严重不足，气温起伏波动大。持续降水造成陕西、山西、河南多地遭受洪涝灾害，对黄河防汛抗汛、工农业生产和人民生活造成不利影响。

西太平洋副热带高压（副高）从 2021 年夏季中期开始表现出明显偏北的特征，来自西北太平洋的东南暖湿气流和来自印度洋的西南暖湿气流异常强盛，并随着副高北上为黄河流域降水提供了充沛的水汽条件。预计 10 月下旬，冷空气仍较为活跃，黄河中游气温总体偏低，降水偏少。11 月上旬，冷空气活动转弱，黄河中游气温偏高，降水接近常年。

一、9 月以来山西、陕西、河南降水量均突破历史极值

2021 年以来（1 月 1 日至 10 月 10 日），全国平均降水量 614.8 毫米，较常年同期偏多 6.1%，但空间分布极其不均，北方地区平均降水量（534.1 毫米）位列历史同期第 2 多，仅次于 1964 年（556.8 毫米）。9 月以来全国平均降水量 111.2 毫米，较常年同期偏多 39.6%，为 1961 年以来历史同期最多，北方地区降水量较常年同期偏多 1.5 倍，为历史同期最多。其中，北京、天津、河北、山西、陕西、河南 6 省（市）降水量均为 1961 年以来历史同期最多；山东降水量为历史同期次多。黄河流域连续遭受伏汛、秋汛，当前黄河中下游防汛形势仍十分严峻。

9 月以来（9 月 1 日至 10 月 10 日），黄河中游地区降水量异常偏多。与常年同期相比，山西南部、陕西中部、河南北部降水量偏多 3～5 倍（图 1）。山西、陕西、河南 3 省平均降水量 312.1 毫米，较常年同期偏多 2.3 倍，为 1961 年以来历史同期最多（图 2）。其中，山西（310.2 毫米）偏多 3 倍、陕西（396.4 毫米）偏多 2.3 倍、河南（243.6 毫米）偏多 1.7 倍，3 省降水量均为历史同期最多。山西省中南部地区有 82 县（市）（约占全省县（市）数的 80%）9 月以来累计降水量超历史同期极大值，70 县（市）（约占全省县（市）数的 69%）超秋季降水历

史极大值。

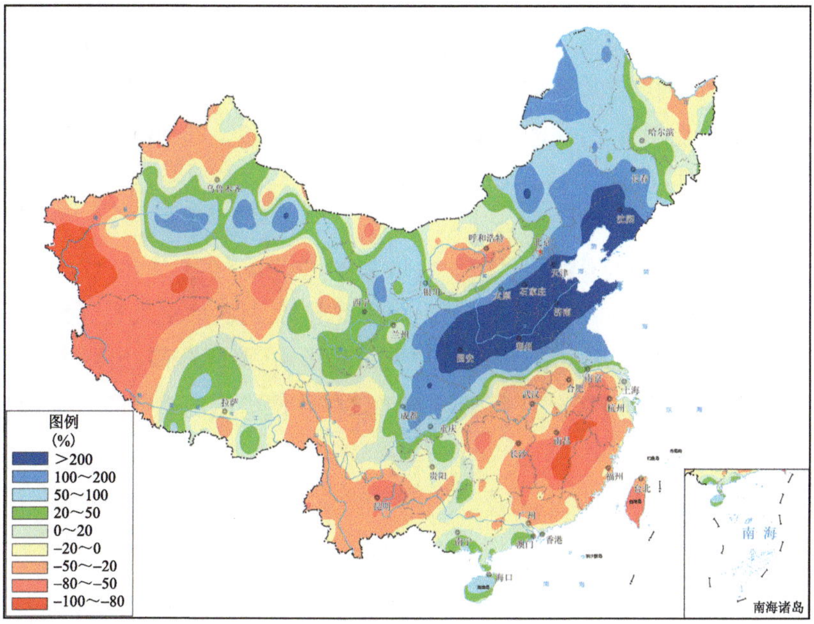

图 1 2021 年 9 月以来全国降水量距平百分率分布

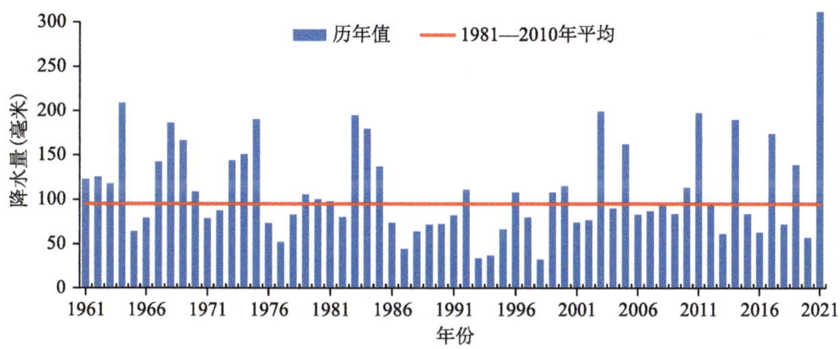

图 2 9 月 1 日至 10 月 10 日晋陕豫降水量历年变化(1961—2021 年)

区域性暴雨过程频繁、极端性强。9 月以来有 4 次区域暴雨过程影响黄河中游地区，分别发生在 9 月 16—20 日、24—26 日、28 日和 10 月 3—6 日。其中，9 月 16—20 日和 24—26 日的两次过程主要影响中游的渭河、汾河、沁河、伊洛河等地及黄河下游，渭河中下游及汾河、沁河、伊洛河及黄河下游过程降水量普遍有 25～100 毫米，部分地区超过 100 毫米。10 月 3—6 日的区域暴雨过程极端性强，有 20 个站达到极端降水阈值；9 月以来，黄河中游地区有 44 个国家级气象站日降水量达到极端事件监测标准，其中，陕西志丹(113.8 毫米)和城固(112.8 毫米)破历史极值；有 19 个国家站极端连续降水日数达到极端事件监测标准，其中，河南正阳(19 天)、山西绛县(13 天)等 8 站突破历史极值。

阴雨多，日照严重不足。9 月以来，陕西中南部、山西中南部和河南北部降水日数有

16～24 天，陕西部分地区超过 24 天，普遍较常年同期偏多 6 天以上。山西、陕西、河南三省平均降水日数 19.6 天，较常年同期偏多 6.7 天；山西中南部、陕西中部和南部、河南东北部暴雨日数有 2～4 天。持续降水，导致该地区日照严重不足，陕西中南部、山西中南部及河南北部累计日照时数有 150～200 小时，局部不足 100 小时。与常年同期相比，陕西南部、河南北部及山西西南部日照偏少 30～60 小时，其余大部偏少 60～90 小时，陕西西北部偏少 90 小时以上。山西、陕西、河南 3 省区域平均日照时数 179.4 小时，较常年同期偏少 47.6 小时。

气温总体偏高，但期间起伏波动大。9 月以来，3 省平均气温 19.0 ℃，较常年同期偏高 1.2 ℃，为 1961 年以来历史同期第 5 高。但 10 月以来，受两次冷空气过程影响，部分地区出现剧烈降温。其中，受 10 月 4—6 日的强冷空气过程影响，陕西东部、山西中部和南部、河南北部过程最大降温 8～12 ℃；10—11 日的冷空气过程致使山西东北部降温 8～10 ℃，陕西大部降温 5～8 ℃。

二、持续降水造成陕西、山西、河南多地遭受洪涝灾害，对黄河防汛抗汛、工农业生产和人民生活造成不利影响

9 月以来，持续降水造成陕西、山西、河南多地遭受暴雨洪涝及其引发的滑坡泥石流灾害，对黄河防汛抗汛、工农业生产和人民生活造成不利影响。

受强降水影响，黄河秋汛严重。9 月 27 日以来，黄河已接连出现 3 个编号洪水。9 月 27 日 15 时，黄河中游潼关站洪水流量涨至 5020 立方米/秒，发生 2021 年第 1 号洪水；21 时，黄河花园口站流量涨至 4020 立方米/秒，发生第 2 号洪水；黄河支流渭河发生 1935 年有实测资料以来同期最大洪水，伊洛河、沁河发生 1950 年有实测资料以来同期最大洪水。10 月 7 日潼关水文站出现 8360 立方米/秒的洪峰，为 1979 年以来的最大洪水，这次洪水也是潼关水文站自 1934 年有实测流量资料以来在同期出现的最大洪水。10 月 6—7 日，陕西全省普降小到中雨，陕北南部局地、陕南南部局地暴雨。受持续降雨影响，陕西省境内共有 21 条河流 31 站出现洪峰 37 次，其中，有 11 条河流 13 站出现超警戒洪峰 16 次，沮河黄陵站 6 日 17 时出现超保证洪水，为建站以来实测第二大。而 10 月以来的暴雨和降温，也给洪水救援工作增加了难度。

持续阴雨寡照对农作物产生较大影响。受黄河中游多雨寡照天气影响，大部地区土壤过湿不利作物成熟收晒，秋收秋种受阻，部分地区农作物减产或绝收。同时，连阴雨和土壤湿度过大对冬小麦播种不利，使小麦播期推迟，播期严重推迟可能造成小麦冬前形成弱苗，不利于安全越冬和来年返青生长。阴雨寡照天气影响苹果、梨、红枣等经济林果以及蔬菜正常光合作用，部分地区土壤持续过湿或出现积水洪涝，使果蔬受到渍涝害，影响产量和品质。

强降水造成部分地区水利、交通、电力、通信、农业、城市给排水管网等基础设施严重受损，房屋倒损。9 月 23—25 日，河南南阳市南召县暴雨造成全县水利、交通、电力、通信、农业、城市给排水管网等基础设施严重受损，近 30 万人出行及正常生产、生活受到严重影响，2 人死亡，2 人失踪。10 月 6 日，连日降雨致使山西临汾市蒲县柏山林区突发山洪，蒲县城关

交警中队房屋倒塌，4 人死亡。强降水导致山西停产煤矿 27 座、非煤矿山 99 座、危化企业 7 家，停工在建工程 231 个，关闭景区 74 个。

三、黄河流域秋雨偏多的成因

2020 年 8 月至 2021 年 3 月，赤道中东太平洋发生了一次中等强度的拉尼娜事件。拉尼娜事件结束后赤道中东太平洋海温缓慢上升，但 7 月开始又再次下降，并可能于冬季再次发生弱的拉尼娜事件。热带太平洋海温演变使得西太平洋副热带高压从 2021 年夏季中期开始表现出明显偏北的特征，来自西北太平洋的东南暖湿气流和来自印度洋的西南暖湿气流异常强盛，并随着副高北上为黄河流域降水提供了充沛的水汽条件。同时，欧亚中高纬环流经向度大，冷空气活动频繁，冷、暖空气在黄河中游频频交汇，共同导致降水持续偏多。

四、黄河中游后期预测意见与防御建议

预计未来 10 天(10 月 12—21 日)，降水总体较常年同期偏少。主要有两次天气过程：12—14 日，陕西、山西、河南有小雨天气；14—17 日，黄河中游部分地区有小到中雨。

预计 10 月下旬(10 月 21—30 日)，受弱的经向型环流影响，冷空气仍较为活跃，黄河中游气温总体较常年同期偏低，其中，陕西、山西气温偏低 0～0.5 ℃，河南偏低 1～2 ℃；黄河中游降水较常年同期偏少，其中，陕西、山西、河南降水较常年同期偏少 1～2 成。11 月上旬(11 月 1—10 日)，中高纬环流将发生明显转折，冷空气活动转弱，黄河中游气温较常年同期偏高，其中，陕西、山西、河南气温偏高 0.5～1.5 ℃；黄河中游降水总体接近常年同期。

9 月以来黄河流域降水偏多明显，后期仍需关注黄河中游阶段性降水引发的山洪地质灾害，做好中小河流域洪水的防范应对工作，关注降水对农业生产的不利影响；10 月下旬冷空气活跃，大风降温明显，关注其对能源等行业以及人民生活带来的不利影响。

2021年黄河秋汛形势和气象服务情况的报告

李凤秀　张永涛　查菲娜　张霞　王纪军　左璇　刘雅星　乔春贵　张远
（黄河流域气象中心　2021年10月7日）

摘要：2021年以来，我国天气气候复杂，极端天气气候事件多发重发，北方降水量显著偏多、汛期明显延长。黄河流域同样出现了多年罕见的秋汛。现将2021年黄河秋汛形势和气象服务情况总结如下。

一、2021年黄河秋汛形势

根据黄河水利委员会水文部门通报，2021年入汛以来，黄河流域连续遭受伏汛、秋汛，干支流、中下游汛情多区域交织、多场次叠加，干流潼关、花园口站相继出现黄河第1号、第2号、第3号洪水，干支流部分水文站发生了历史同期最大洪水。当前黄河中下游防汛形势仍十分险峻：

（1）黄河多个水文站洪水创历史新高。8月下旬以来，受连续降水影响，黄河中下游干支流来水量异常偏多：伊洛河来水为多年均值的5.7倍，沁河为多年均值的5.9倍，渭河为多年均值的2倍。支流渭河发生了1935年有实测资料以来同期最大洪水，伊洛河、沁河发生1950年有实测资料以来同期最大洪水。干流潼关站发生1988年以来最大洪水，分别于9月27日15时48分和10月5日23时形成黄河2021年第1号和第3号洪水；花园口站发生1996年以来最大洪水，于9月27日21时形成黄河2021年第2号洪水。

（2）下游大流量持续时间长、防守面临严峻考验。从9月27日开始，黄河中游干支流水库投入防洪运用，小浪底水库蓄水位10月4日12时达到271.18米，为投运以来最高。花园口站4000立方米/秒以上流量已经持续9天，期间最大流量达到4940立方米/秒，下游河道流量大、水位高，60%以上坝段靠河，部分河段工程出水高度仅剩20厘米，共有134.26千米生产堤偎水。受未来降雨影响，沿程各河段控导工程靠河坝段将不断增加，工程坍塌等险情会进一步增多、加重，生产堤偎水长度会进一步增加，抗洪抢险进入关键阶段。

（3）水库调度高水位运用限制因素增多。当前黄河水库水位普遍偏高，截至10月7日08时，黄河小浪底水库水位270.55米，高于汛限水位22.55米，伊河陆浑水库水位317.78米，高于汛限水位0.28米，河口村水库水位278.11米，高于汛限水位3.11米。根据水文预报和调度预演成果，新一场洪水小浪底水库最高运用水位将超过本次运用最高值，达到273.8米左右，支流陆浑、故县和河口村水库水位将达到蓄洪限制或移民水位。小浪底水库库区周围存在地质灾害等安全隐患，高水位运用库区易发生塌岸、滑坡、浸没、沉陷等地质灾害，威胁库区群众生命安全。陆浑水库设计洪水水位以下约有10.2万人，水库运用超过319.5米将涉及人员紧急转移，故县水库设计洪水位以下约有1.57万人，超过544.2米将涉及到人员紧急转移。三门峡水库防洪运用水位以下还有 11.3 万居民,水库运用水位超过 316 米将涉及到人员紧急转移。

二、2021 年以来黄河流域雨情分析

2021 年以来,黄河流域雨情呈现以下几个特征:

(1)降水量总体偏多、空间分布不均。2021 年以来黄河流域平均降水量 609.2 毫米,比常年同期(426.3 毫米)偏多 42.9%,比 2020 年同期(494.1 毫米)偏多 23.3%,为 1965 年以来的最多。各地降水量为磴口(69.8 毫米)~泰山(1633.3 毫米)。与常年同期相比,除上游东部及流域北部降水偏少 0~5 成外,其余地区降水均偏多,其中,三门峡—花园口区间大部及下游部分地区偏多 8 成~2.7 倍。

(2)汛期中下游强降水集中、局地极端性突出。汛期(6 月 1 日)以来黄河流域平均降水量 490.7 毫米,比常年同期(330.1 毫米)偏多 48.7%,为 1961 年以来的最大值。全流域发生 7 次重大天气过程,均影响中游地区,5 次影响下游地区,2 次影响上游地区。中游东南部和下游降水量在 500 毫米以上,部分地区超过 1000 毫米(图 1a);其他区域在 500 毫米以内。

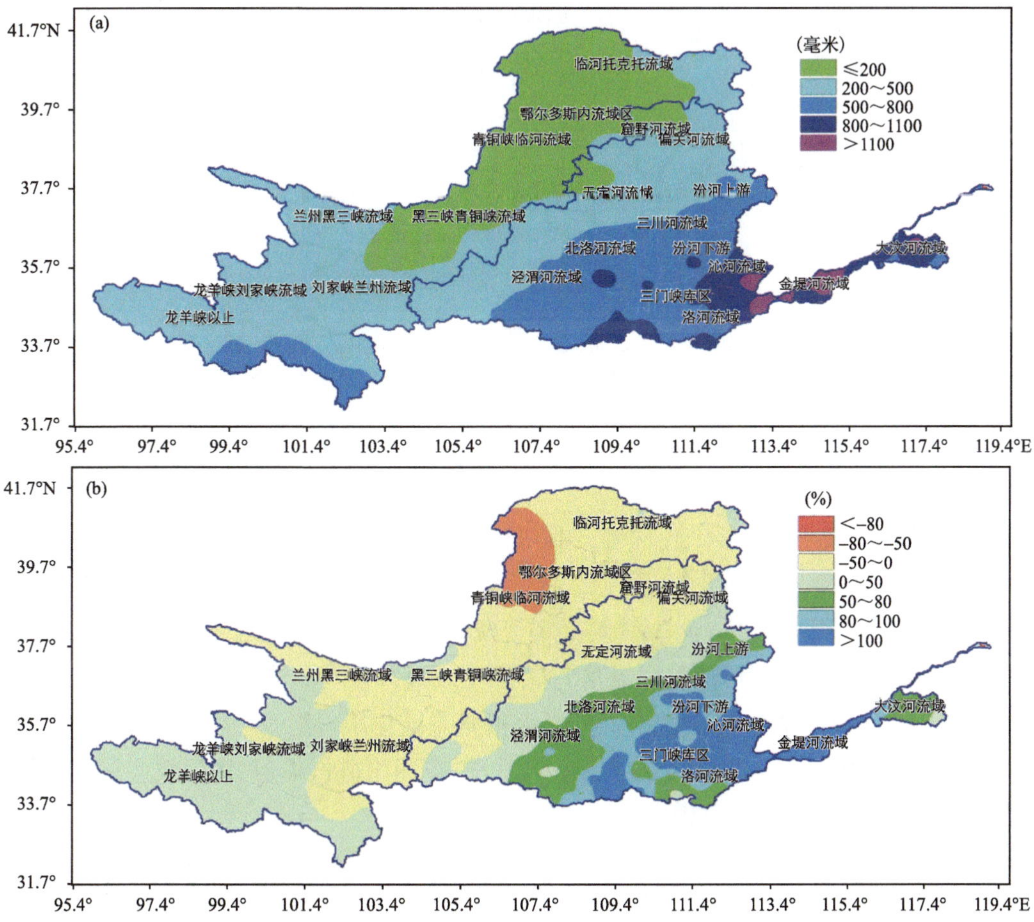

图 1 2021 年 6 月 1 日至 10 月 7 日降水量(a)及其距平百分率(b)

与常年同期相比，晋陕区间南部、三门峡—花园口区间、泾渭洛河大部以及下游地区偏多8成～2.1倍（图1b）；上游中东部、中游北部偏少1～7成。巩义、偃师、伊川、孟津、温县、志丹、永济、玛沁等8个站日降水量超建站以来历史极值。

（3）9月以来雨日偏多、导致严重秋汛。9月以来全流域平均降水日数16.8天，较常年同期（12.4天）偏多4.4天；其中，上游较常年同期（12.9天）偏多0.6天，中游较常年同期（12.4天）偏多6.2天、下游较常年同期（8.6天）偏多8.7天。全流域83个站日降水量超当月历史极值，其中，81个站集中在中游。9月中旬以来中下游密集发生3次大范围降水过程。与常年同期相比，上游青铜峡流域、中游中南部和下游偏多1倍以上，其中，三门峡库区以下偏多3.0～5.8倍（图2）。

近期天气过程频发、雨日偏多、落区重叠、强度较大，加之前期降水造成土壤含水量饱和，导致黄河中下游干支流来水显著增多，形成严重秋汛。

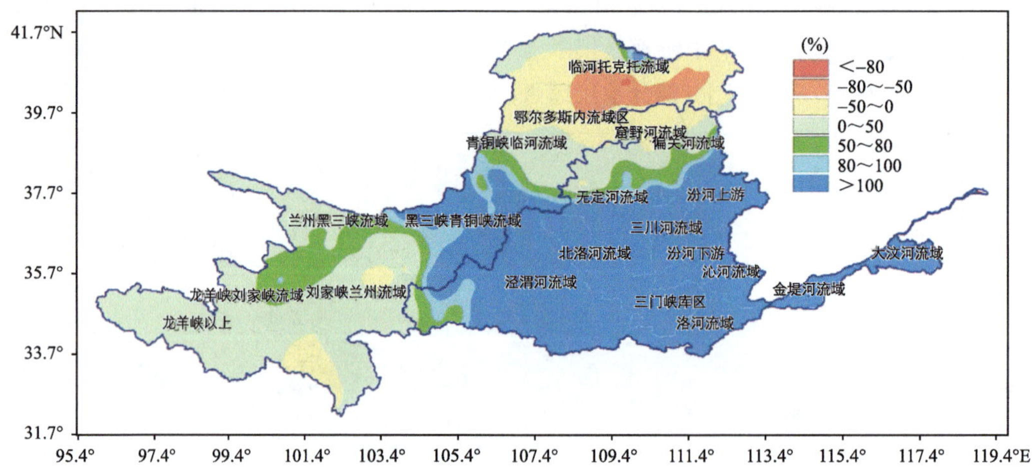

图2 2021年9月1日至10月7日降水量距平百分率

三、黄河流域短期气候趋势预测及建议

预计未来30天（10月7日至11月5日）黄河流域大部降水量偏多1～2成，具体预报如下：

（1）未来10天天气预报。7日，中游泾渭河流域、三门峡—花园口区间和下游有小雨；8日，上中游有小到中雨；9日，流域大部有小雨，其中，泾渭河流域、晋陕区间中南部部分地区有中雨；10日，上游有小雨；11日，中下游有小雨或零星小雨；12—13日，上中游有小雨；14日，流域上游和晋陕区间北部有小雨；15—16日，上游和泾渭河流域、三门峡—花园口区间有小雨，其中，上游部分地区有中雨。

（2）延伸期主要降水过程。延伸期黄河流域主要有4次降水天气过程，以小雨为主，分别为10月17—19日、22—24日、27—29日和11月4—5日。

鉴于前期降水偏多，尤其在兰州—托县区间、山西—陕西区间、泾渭洛河、三门峡—花园口区间及下游偏多明显，土壤处于高度超饱和状态，抗御洪灾能力明显减弱，地质灾害多发频发，加之黄河中下游河道大流量高水位，水库调节能力有限，建议：一是密切关注后期降水叠加对中下游洪水演进情况的影响，做好水资源科学调度。二是加强堤防、水库、控导工程、淤地坝等工程巡查防守，做好工程险情风险防范。三是关注黄河流域中下游持续降水可能引发的中小河流洪水、山洪及地质灾害和城乡积涝，加强监测分析，滚动更新雨情和预报信息，做好针对性服务。

四、黄河防汛气象保障服务情况

河南省气象局坚决贯彻落实习近平总书记关于气象工作和防汛救灾的重要指示精神，坚决贯彻落实李克强总理等国务院领导同志关于防范秋汛工作的重要批示精神，认真落实中国气象局部署要求，积极发挥黄河流域气象中心牵头作用，通力协调流域气象部门，深度融入黄河防总和地方党委、政府决策部署，全力做好防汛气象保障服务各项工作：

(1)积极推进黄河流域气象保障能力建设。认真贯彻中国气象局关于加强流域气象工作各项要求，特别是结合贯彻《黄河流域生态保护和高质量发展气象保障工作方案(2021—2025 年)》，从提高流域精密监测能力、提升流域精准预报能力、提高流域精细服务能力和增强流域科技创新支撑能力四个方面科学谋划，推动建设以“监测精密、预报精准、服务精细”为标志的黄河流域生态保护和高质量发展气象保障业务体系。

(2)强化黄河流域防汛气象服务组织工作。贯彻落实庄国泰局长在雄安新区海河流域防汛会议部署要求，7 月 14 日召开了黄河流域防汛气象工作会议，组织流域各省(区)气象部门进一步明确任务、压实责任，全力保障黄河安全度汛。10 月 5 日，黄河防总召开视频工作会议后，黄河流域气象中心第一时间组织传达贯彻落实，中国气象局矫梅燕副局长、黄河防总副指挥长、黄河水利委员会副主任苏茂林分别提出要求。中国气象局各职能司、业务部门和流域各省区气象局加强指导和信息沟通，黄河流域气象中心强化与黄河防总、黄河委员会有关部门和地方河务部门交流会商，深入开封等地查看汛情、险情，切实做到知情、知重、知危，为流域洪水防御和水库科学调度当好气象参谋。

(3)切实提升黄河流域气象服务支撑能力。强化实况融合及智能网格预报产品应用，开展分流域分时段分量级主客观预报检验评估；开展流域精细化分区，完成河南省 70 个子流域精细化划分，其中，黄河流域河南段细化为 13 个子流域；强化流域关键技术方法研究，探究面雨量反演洪水技术方法，开展流域极端降水形成机理及预报技术研究，推进智能网格预报在流域精细化面雨量预报等专业预报上的技术应用。

(4)聚焦雨情汛情开展递进式直通式气象服务。面对黄河流域防汛形势异常严峻，黄河流域气象中心加强上下游左右岸的信息共享，多次组织天气会商研判和联防联动，强化流域上下游一体化的降水实况监测和预报服务。开展黄河流域递进式气象服务，逐旬滚动降水趋势预测，提前 3 天发布流域重要气象信息，临近滚动发布气象信息快报，直送省委、省政府和黄河防总各成员单位。每日定时推送黄河流域最新水情快报，共享雨水情及决策服务信息。截至 10 月 7 日，共发布《黄河流域重要气象信息》17 期，气象信息快报 87 期，获省委楼阳生书记、黄河防总王凯总指挥等领导同志批示 5 次。

当前，黄河防汛抗洪已经到了最紧急关头。河南省气象部门将认真贯彻落实中国气象局工作部署和庄国泰局长的具体要求，坚持人民至上、生命至上，发挥黄河流域气象中心牵头作用，强化上下游左右岸协同配合、联防联动，发扬不怕疲劳、连续作战的优良作风，努力为确保黄河安澜做出气象部门应有贡献，向党和人民交上一份合格的答卷。

拉尼娜背景下 2021/2022 年冬季气候趋势预测及对广西能源电力保供的影响及建议

何洁琳　何慧　郑凤琴　陈思蓉　覃卫坚
（广西壮族自治区气象局　2021 年 12 月 2 日）

摘要：2021 年 8 月以来赤道中东太平洋海温持续偏低，10 月开始进入拉尼娜状态，预计 2021/2022 年冬季（2021 年 12 月至 2022 年 2 月，下同）将继去年冬季再次出现拉尼娜事件。2021 年以来，广西天气气候呈现气温显著偏高、降水量偏少，阶段性干旱多发等特点。预计 2021/2022 年冬季大部地区气温偏低、降水量偏少，出现气象干旱和低温雨雪冰冻的可能性较大。建议注意防范极端低温事件，做好抗旱节水及能源电力保供工作。

一、拉尼娜监测情况

根据国家气候中心监测，2021 年 8 月以来赤道中东太平洋海温持续偏低，10 月开始进入拉尼娜状态，预计将于冬季形成一次弱到中等强度的拉尼娜事件。鉴于 2020/2021 年冬季曾出现拉尼娜事件，2021 年将是“双拉尼娜年”。受赤道中东太平洋海表温度降低的影响，大气环流将出现异常变化，这种影响从秋冬季持续到春季或更长的时间。

拉尼娜事件出现时，我国易出现冷冬热夏、登陆我国的热带气旋偏多、“南旱北涝”等现象。广西冬季主要气象灾害是干旱和冷冻害，拉尼娜发生的年份多数都出现了低温雨雪冰冻以及冬春连旱，其中，最突出的是 1998 年 8 月至 1999 年 4 月发生的秋冬春连旱；1999 年 12 月全区严重霜（冰）冻；2008 年、2011 年初严重低温雨雪冰冻灾害。

二、2021 年以来广西天气气候特点

2021 年以来，广西天气气候呈现气温显著偏高、降水量偏少、阶段性干旱多发等特点。

（一）气温偏高显著，高温日数为历史最多

2021 年以来（截至 11 月 30 日，下同）广西全区平均气温 22.3 ℃，比常年同期偏高 0.9 ℃，是 1955 年以来同期最高。全区平均高温日数 40 天，比常年多 23 天，为 1951 年以来最多（图 1）。夏季平均气温 28.3 ℃，是有气象记录以来最高值。

（二）降水量偏少，阶段性气象干旱多发

2021 年以来，广西全区平均降水量 1322.5 毫米，比常年同期偏少 12%，其中，汛期 4—9 月全区平均降水量 977.1 毫米，较常年偏少 2 成（前汛期偏少 1 成，后汛期偏少 3 成），大部地区降雨量较常年同期偏少 2～5 成（图 2）。区域性暴雨过程有 9 次，比常年偏少 2 次。

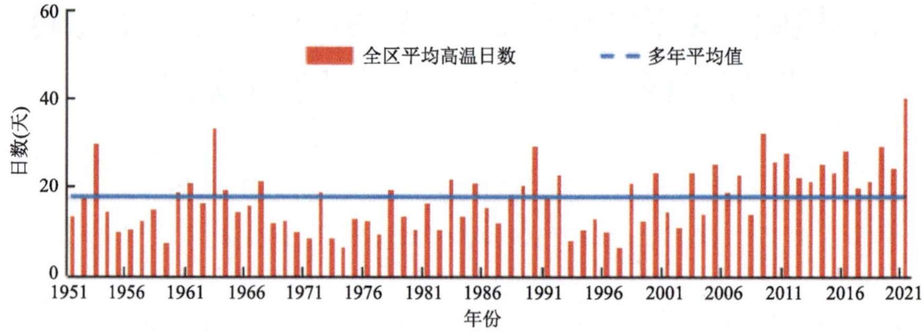

图 1 1951—2021 年广西平均高温日数历年变化

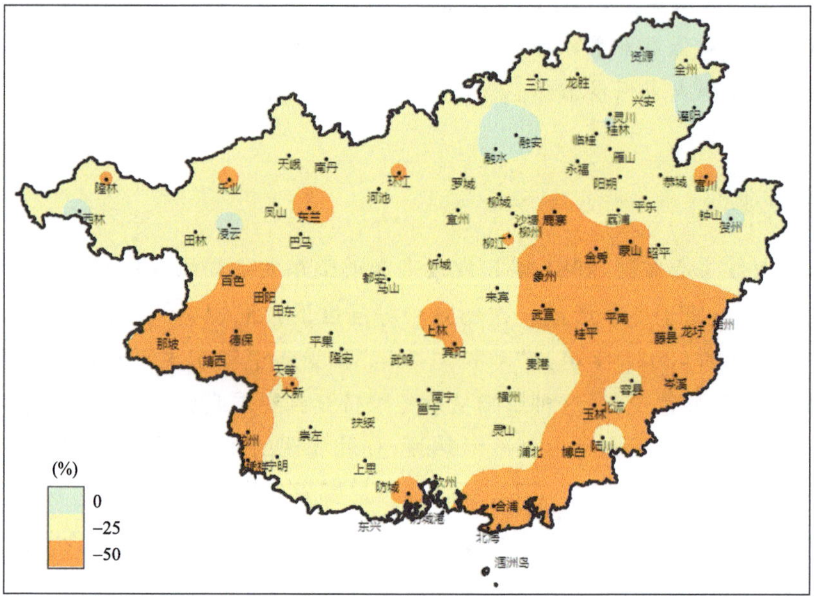

图 2 2021 年广西汛期降雨量距平百分率分布

1—2 月、3 月中旬至 4 月中旬中期、6—7 月和 8 月至 10 月上旬出现阶段性区域性气象干旱。

(三)台风影响偏轻,台风降水使旱情得到缓和

2021 年以来,共有 5 个台风和 1 个热带低压影响广西,较常年偏多。但风雨影响偏轻,仅 7 月 21—23 日第 7 号台风“查帕卡”、10 月 8—11 日第 17 号台风“狮子山”影响的风雨等级为中等,其余均为较轻。台风带来的降雨使前期旱情得到缓和。

三、拉尼娜背景下 2021/2022 年冬季气候趋势预测

(一)2021 年冬季气候趋势预测

预计广西 2021 年冬季各地平均气温在 6～16 ℃。与常年同期相比,平均气温大部分地区

偏低，其中，桂北部分地区偏低 1～1.5 ℃(图 3a)，有阶段性低温发生，时段可能出现在 2021 年 12 月下旬到 2022 年 1 月上旬、2022 年 1 月下旬到 2 月上旬，桂北部分地区、桂西高寒山区可能出现冰冻雨雪天气。

预计 2021/2022 年冬季各地降雨量 50～250 毫米。与常年同期相比，除桂西北部分地区偏多 1～2 成外，其余大部地区偏少 1～3 成(图 3b)。冬季出现气象干旱的可能性较大。

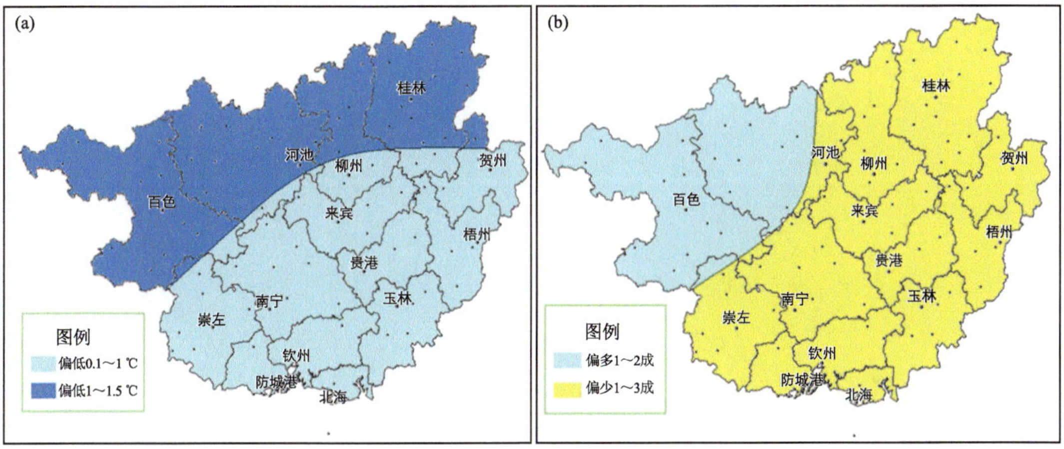

图 3　2021 年广西冬季气温距平(a)和降雨量距平百分率(b)预测

(二)关注重点

阶段性干旱：由于前期广西降雨持续偏少，大部地区出现了阶段性干旱，水库蓄水量偏少。预计 2021/2022 年冬季降水大部地区偏少，这使冬季广西干旱发展的可能性增大，有可能出现局地严重旱情，影响到生活生产用水的情况，需及早防备。

低温雨雪冰冻：根据国家气候中心预测，2021/2022 年冬季影响我国的冷空气更频繁且强度偏强，北方大部地区偏冷。这表明 2021/2022 年冬季广西出现阶段性低温、极端低温的概率较高，需注意防范大范围寒潮、低温雨雪冰冻的风险。

四、2021/2022 年冬季气候条件对广西能源电力保供的影响及建议

(1)做好防范极端低温事件出现的能源电力保供应急准备。预计 2021/2022 年冬季可能出现阶段性低温，且经历春节假期，应提前做好防范大范围持续性低温事件下的民生、公共和重点场所的能源电力供应保障应急准备工作，桂北、桂西高寒山区需防范极端低温雨雪冰冻天气下电线结冰、覆冰影响。

(2)做好抗旱节水及能源电力保障工作。由于 2021 年以来累计降雨量偏少，且受长时间高温影响，部分地区水库库存蓄水偏少，水力发电和生产、生活用水受到限制。大部地区出现了阶段性干旱，虽然有阶段性的降雨过程缓和干旱，预计 2021/2022 年冬季降水偏少，部分地区尤其是桂东地区干旱很可能再度发展。干旱发生情况下工农业生产对能源电力供应的需求也相应增大，需及早做好能源储存、电力调度等准备。

(3)充分利用好气象预报预警信息,做好能源电力保供工作。2021/2022年冬季气候趋势是长时间的平均结果,在12月到2022年2月甚至到春季的漫长过程中,天气会发生波动,且在拉尼娜影响的背景下,极端天气出现的概率更高,应注意及时接收和充分利用气象部门发布的各类临近、短期和中长期天气预报,及时获取各地降温、降雨的准确信息和灾害天气的预警信息,做好应对各种不同天气的能源电力供保应急防范准备。

2020—2021年
全国优秀决策气象服务
材料汇编

第三篇

生态环境保护

新疆气候“暖湿化”事实及影响分析的报告

张太西[1] 王慧[1] 张连成[1] 毛炜峄[2] 韩雪云[1] 段春峰[3] 曹占洲[4]

(1.新疆维吾尔自治区气候中心;2.中国气象局乌鲁木齐沙漠气象研究所;3.安徽省气候中心(援疆干部);
4.新疆维吾尔自治区气象局应急与减灾处 2020年8月8日)

摘要:近年来,西北地区“变暖变湿”现象引发社会广泛关注。近60年来新疆区域年平均气温每10年上升0.3 ℃,年降水量每10年增加10毫米,成为我国气候变化最显著的敏感区,但是这种变化并未改变新疆干旱半干旱气候格局。气候“暖湿化”导致新疆区域极端事件频发、重发,灾害风险增大,冰川消融加速不可逆转,生态系统更加不稳定。变暖是全球趋势,增湿是区域特征,气候变化给新疆带来的风险会越来越高,需高度重视,加强研究。在“十四五”和中长期规划中应充分考虑暖湿化影响,提高新疆乃至中亚区域气象灾害防御能力,科学应对气候变化;提升新疆生态文明建设气象保障能力,降低未来发展面临的各类风险。

一、新疆气候“暖湿化”事实分析

(一)近60年来新疆气温普遍上升,降水量显著增加

历史时期新疆天山和北疆地区经历过多次冷暖、干湿波动。树木年轮重建的气候记录表明,天山山区近200多年大致经历了7个干湿期波动,近300多年年平均气温也经历了明显的多年代尺度波动。北疆近500年来经历了3个冷湿期(1550—1660年、1700—1804年和1875—1962年)和4个暖干期(1470—1544年、1660—1700、1810—1865年和1962—1982年)变化。

近60年新疆变暖幅度高于全国平均水平,近20年处于异常偏暖期。1961—2019年,新疆区域年平均气温以每10年0.30 ℃的速度上升,高于全国(每10年上升0.23 ℃)和全球(每10年上升0.13 ℃)变化水平。冬季升温速率最大,平均每10年上升0.38 ℃。新疆日最高、最低气温的年平均值每10年分别上升0.22 ℃和0.44 ℃,日最低气温上升速率是最高气温的2倍。

新疆年降水量年代际递增,近30年偏多明显。1961—2019年,新疆区域年降水量以每10年增加10.0毫米的速率显著增加。夏季降水量增速最大。降水绝对增加量天山山区最多、南疆最少,但南疆降水距平百分率增幅最大。

(二)极端高温和极端降水事件增多

极端高温事件增多、极端低温事件减少。1961—2019年,新疆单站极端高温事件以平均每10年增加2.8次的速度显著递增。暖昼、暖夜事件和高温日数均呈显著增加趋势,冷昼、冷夜和严寒日数平均每10年分别减少3.0天、8.1天、2.2天。

极端强降水事件增多、增强，北疆变化最为显著。1961—2019年，新疆极端降水事件呈显著增加趋势，北疆增加最为明显。2011—2019年的暴雨日和暴雨量比20世纪60年代分别偏多48%和64%，暴雪日数和暴雪量比60年代分别增多62%和53%。

冰雹灾害明显增加，损失加重。1950年以来，新疆冰雹灾害呈明显上升趋势，出现频次、受灾面积和经济损失每年分别增加1.2次、2589公顷和336万元。21世纪以来新疆冰雹灾害进入多发期，阿克苏为严重雹灾区，喀什、塔城、伊犁、博州、石河子为重雹灾区。

（三）新疆干旱半干旱气候格局未改变

近20年新疆气象干旱总体呈增强趋势，干旱区面积增大。1961—1996年干旱强度、频次均呈下降趋势，1997年之后干旱强度增强、频次增加，约75%的站点干旱有增强趋势。近10年与20世纪60年代相比，干旱区面积比例由46.4%增大到53.9%，半干旱区面积比例由8.6%增大到17.4%，但极干旱区面积比例由44.8%减少到27.7%。

新疆干旱、半干旱气候格局未改变。近60年，新疆区域气候变暖、降水增多，极端降水事件频发，但年降水量大于450毫米的区域仅占5.6%、200～450毫米占32.6%、35～200毫米占56.2%、小于35毫米占5.6%，无法从根本上改变新疆干旱、半干旱区气候格局和缺水状况。

二、气候变化对新疆水资源、特色林果等行业影响显著

（一）夏季0 ℃层高度上升，新疆冰川消融加剧，洪水危害风险增大，水资源利用面临新挑战

新疆夏季0 ℃层高度上升显著。1961—2019年，新疆夏季0 ℃层高度呈显著上升趋势，平均每10年升高13.9位势米；北疆夏季0 ℃层高度平均每10年上升14.2位势米，上升较南疆更加显著。

冰川消融退缩加剧，径流量增大，洪水频率增加，水资源利用面临新挑战。天山1号冰川消融退缩加剧，2018年冰川面积较1964年减小了22.2%。乌鲁木齐河冰川融水径流自20世纪80年代中期以来增大了近1倍。1962—2009年，昆仑山以及帕米尔高原叶尔羌河流域冰川面积从6341.8平方千米减少为5414.8平方千米；1957—2015年叶尔羌河年径流量平均每年增加0.23亿立方米，最大径流月出现时间提前到晚春或初夏；进入21世纪以来，冰湖溃坝型洪水频发。新疆冰川消融加剧态势不可逆转，“固体水库”调节径流能力减弱，水资源利用潜在风险增大，面临新挑战。

（二）气候“暖湿化”对新疆特色农业种植区划调整有利

热量条件趋好，植棉区扩大。1961—2019年，新疆稳定通过0 ℃、10 ℃积温增加趋势显著，2011—2019年比20世纪60年代分别增加292.8 ℃·天、336.2 ℃·天。初霜期推迟，终霜期提前，无霜期每10年增加3.7天。21世纪以来新疆棉花种植北界较20世纪80年代北移了1～2个纬度，宜棉区面积明显扩大；南疆棉区棉花种植品种总体向生育期较长、增产潜力更大的中熟和中早熟品种转变。

红枣、香梨适宜种植区增大。1997年后新疆红枣适宜种植区较1997年前种植面积增大

31%。在南疆和东疆均有较大幅度的扩张，和田地区扩大最为明显。香梨次适宜种植区较1997年前增大了4.4%，塔里木盆地和田河、车尔臣河流域也成为香梨最佳种植区。

(三)“暖湿化”导致新疆区域水循环加快，山区水汽源增多；风速减小不利于城市大气污染物扩散，生态系统不稳定性增强

气候变暖导致新疆区域山区水汽源增大，空中云水资源开发利用潜力大。1979年以来，增温增湿使新疆区域水循环过程加剧，新疆上空偏南水汽输送增强。在山谷风作用下，绿洲灌溉增加山区水汽源。在天山山区和昆仑山，再循环降水量占总降水量的10%左右。

全疆近地面平均风速以减弱为主，城市大气污染物扩散条件受限。1961—2019年，新疆近地面年平均风速平均每10年下降0.19米/秒，风速变化地区差异较小。风速减小不利于城市大气污染物扩散。

新疆生态系统不稳定性增强。新疆区域归一化差分植被指数(NDVI)经历了先增大后减小的变化过程，1982—1997年趋于“变绿”，但1997年之后植被长势迟滞，土壤水分含量明显下降，生态负效应凸显。近20年来新疆区域生态系统不稳定性增强。

三、未来新疆气温继续显著上升，降水量增幅有限

未来30年新疆气温将继续上升，但是降水量增幅有限，气象干旱程度极可能加重。在低、中、高三种温室气体排放情景下，未来30年(2020—2050年)新疆年平均气温平均每10年分别上升0.23 ℃、0.37 ℃、0.52 ℃；新疆年降水量每10年分别增加0.8毫米、1.0毫米和5.5毫米。未来新疆区域升温幅度较大，蒸发量增大，大部分地区降水量增加幅度有限，干旱程度极可能加重。

四、应对策略

(一)加强气候变化背景下的防灾减灾体系建设，成立“自治区气候变化研究中心”

依托该中心，组建跨领域、跨区域气候变化研究团队，设立专项研究基金，参照青藏高原科考模式，对新疆开展大规模科学考察，为未来新疆科学应对气候变化影响、提高极端灾害监测预警、风险评估和生态文明建设提供保障。

(二)提升气象综合监测预警能力，提高灾害风险管控水平

织密气象监测站网，提升面向乡村、农业、交通和旅游以及生态修复等气象灾害监测预警能力。面对气候“暖湿化”带来的极端事件，城市规划、重大工程、生态环境等方面重大基础性、战略性工程建设应加强气候变化适应风险评估，提高灾害风险管控能力。

(三)着眼水资源潜在风险，实施主动调控行动

充分利用未来山区水汽来源增加的有利条件，抓住机遇，科学布局，合理开发利用空中云水资源，推进人工增雨(雪)技术创新，开展空中云物理特种探测试验研究，建立人工影响天气外场试验基地，为科学高效开展人工增雨(雪)提供科技支撑。

卫星遥感监测显示近5年黄土高原生态环境质量显著变好

周芳成　韩秀珍　张晔萍　高玲　高浩　耿维成

（国家卫星气象中心　2020年5月22日）

摘要：利用2007年以来13年的卫星遥感数据开展监测评估，结果显示，黄土高原生态环境质量呈逐年向好发展的趋势。其中，生态环境质量较好的东部和南部地区进一步改善；中部和西北部生态环境质量持续变好。近5年，随着植被覆盖好转、土壤湿度升高，空气质量改善，黄土高原生态环境状况显著变好。基于全国范围的生态环境质量评价模型，黄土高原达到优良等级的区域占比从2007年的20.37%上升到2019年的36.08%，2017年起合格以下的区域全部转为合格及以上，说明黄土高原的生态环境质量得到了显著的保护和改善。

一、黄土高原植被覆盖总体好转

利用卫星遥感的植被指数、绿度、净初级生产力3个指标综合评价了黄土高原的植被质量状况。由2019年黄土高原植被状况分布图可见（图1a），黄土高原东部、南部以及西南部的部分地区植被覆盖较好；西北部区域植被覆盖较差。2019年黄土高原植被覆盖较2007—2014年的整体状况有明显改善，全区植被覆盖平均增加12%，西南部分地区增加幅度超过50%，表明近5年来黄土高原的植被覆盖有了明显改善，总体向好发展（图1至图3）。

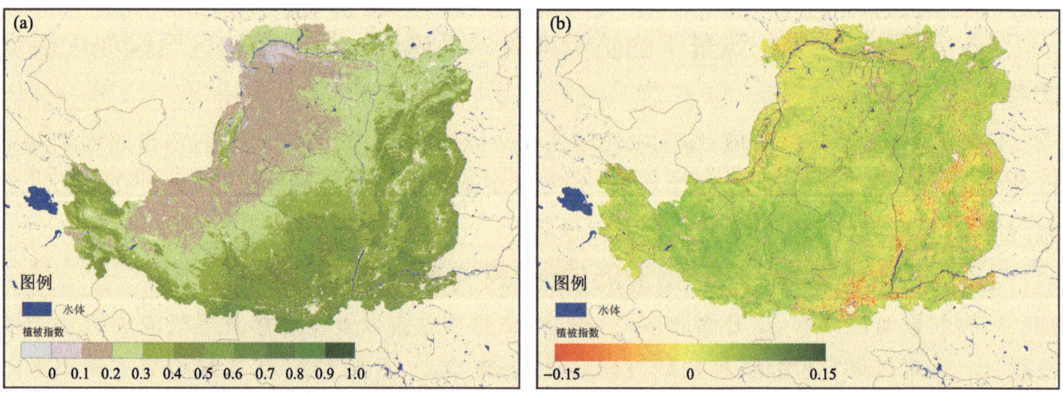

图1　黄土高原2019年植被指数分布（a）和变化（b）（2019年与2007—2014年均值的差）

二、黄土高原土壤干旱指数逐年降低

卫星遥感干旱指数可以表征土壤湿度状况，干旱指数越高表明土壤湿度越低，反之，干旱指数降低则代表土壤湿度升高。2019年黄土高原土壤湿度在西北部较低，东部和南部地

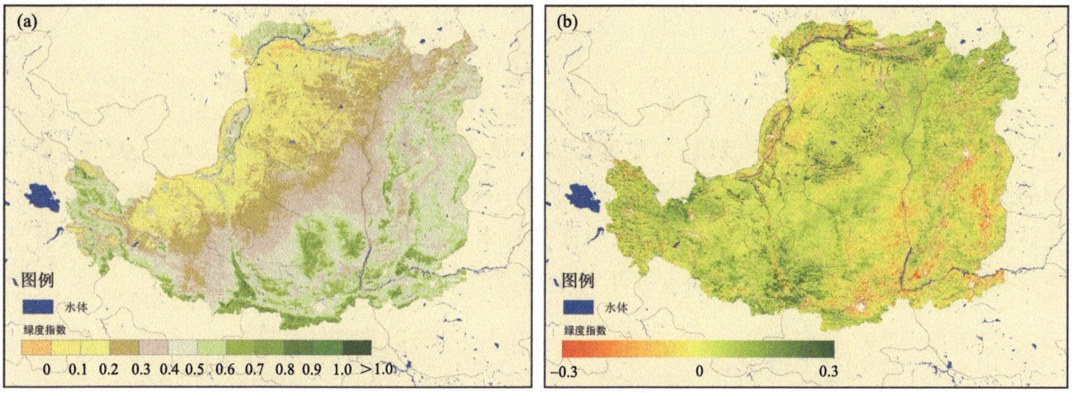

图 2　黄土高原 2019 年绿度分布(a)和变化(b)(2019 年与 2007—2014 年均值的差)

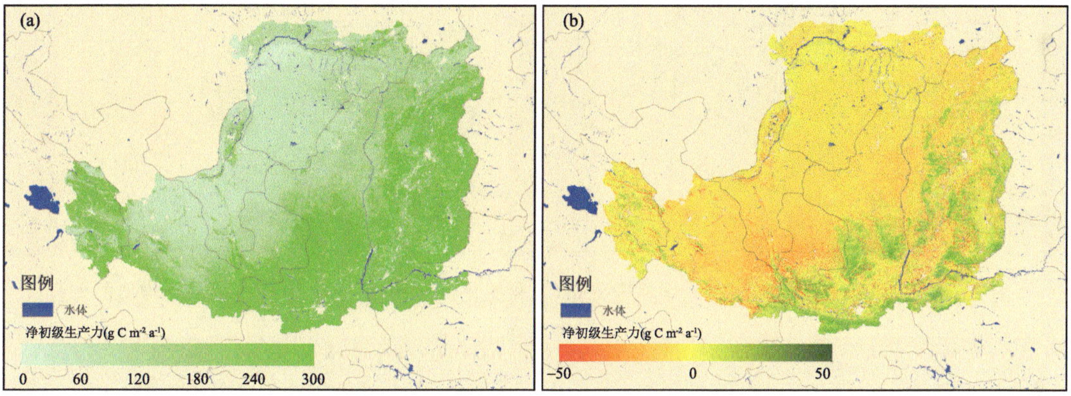

图 3　黄土高原 2019 年净初级生产力分布(a)和变化(b)(2019 年与 2007—2014 年均值的差)

区土壤湿度较高，土壤干湿分布的空间格局与 2007—2014 年的平均状况基本一致。与 2007—2014 年平均值相比，全区土壤湿度平均升高 9%，西南部地区土壤湿度增幅较大，部分地区超过 30%，全区未见大范围干旱加剧的情况，表明黄土高原的土壤变得湿润，水土保持条件向好，水源涵养功能进一步增强(图 4)。

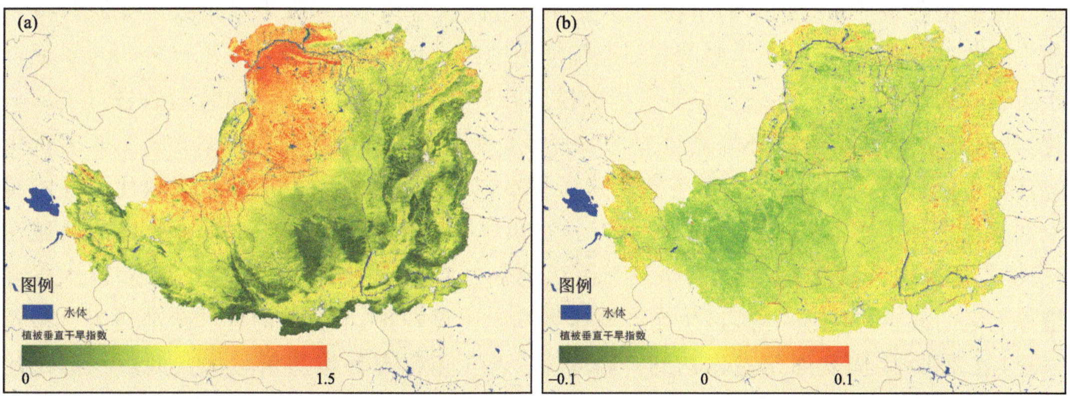

图 4　黄土高原 2019 年土壤湿度分布(a)和变化(b)(2019 年与 2007—2014 年均值的差)

三、黄土高原空气质量持续好转

卫星遥感气溶胶光学厚度值越小，表明空气越洁净，空气质量越好。2019年黄土高原空气质量在北部和东南部区域较差，中部广大区域和西南部地区空气质量较好，空气质量分布的空间格局与2007—2014年的平均状况基本一致，与2007—2014年平均值相比，全区空气质量平均改善33%，2019年黄土高原西南部和南部部分地区的气溶胶光学厚度值显著下降，部分区域降幅高达60%，表明近5年黄土高原空气质量明显改善(图5)。

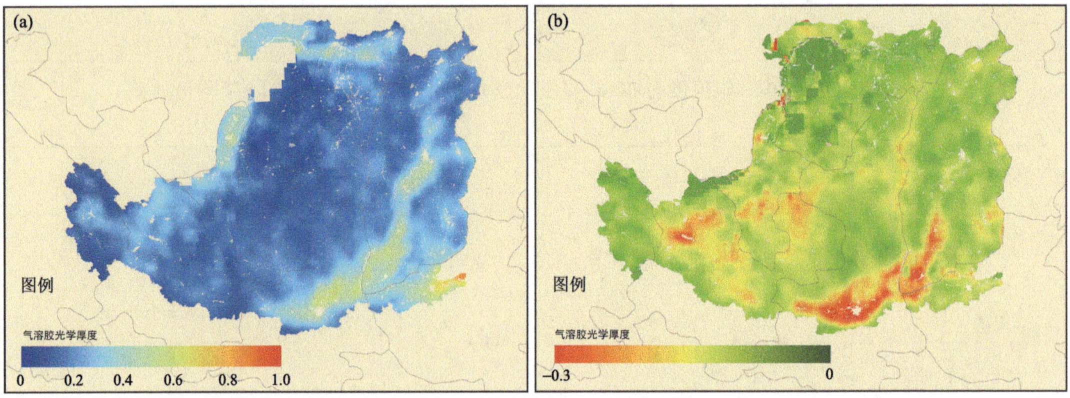

图5　黄土高原2019年气溶胶光学厚度分布(a)和变化(b)(2019年与2007—2014年均值的差)

四、黄土高原生态环境质量综合评价

2007—2019年黄土高原生态环境质量指数连续监测表明，黄土高原生态环境质量呈现逐年向好的发展趋势。2019年，黄土高原生态环境质量指数在东部和南部较高，在西北部地区较低。与2007—2014年平均值相比，黄土高原生态环境质量整体变好。

参照环保部2015年颁发的《生态环境状况评价技术规范》(简称原标准)，利用遥感数据构建了遥感生态环境质量评价模型并计算了生态环境质量指数：植被指数、植被净初级生产力和绿度指数表征原标准中的生物丰度指数与植被覆盖指数，垂直干旱指数表征原标准中的土地胁迫指数，气溶胶光学厚度表征原标准中的污染负荷指数，通过专家打分构建了适合于遥感数据的全国性的生态环境质量指数模型并对计算出的生态环境质量指数进行了归一化，其值0～0.2表示生态环境质量差，0.2～0.4表示生态环境质量较差，0.4～0.6表示生态环境质量合格，0.6～0.8表示生态环境质量良，0.8～1.0表示生态环境质量优。针对黄土高原生态环境质量分级统计显示：2007—2014年，黄土高原生态环境质量合格的区域占73.8%，优良的区域占25.9%，合格以下占0.3%；2015年开始，随着植被、土壤湿度、大气环境等要素的改善，黄土高原地区生态环境质量发生明显好转，不合格的区域全部转为合格及以上，至2019年优良面积占比达到36.08%。近5年生态环境质量为优良的面积占比比2007—2014年平均值提高了13.0%。这充分说明黄土高原生态修复、绿水青山、筑牢黄河流域生态安全屏障等工程的实施取得了明显成效。

综合利用植被指数、绿度、净初级生产力、土壤湿度、气溶胶光学厚度等指标构建的卫星遥感生态环境质量指数监测表明，2015年开始，随着植被、土壤、大气环境等质量的提高，黄土高原生态环境质量较差的区域全部转为合格及以上，优良面积在整个黄土高原占比最高（2018年）接近45%。近5年优良面积占比与2007—2014年的平均值相比，提高了13.0%（图6）。

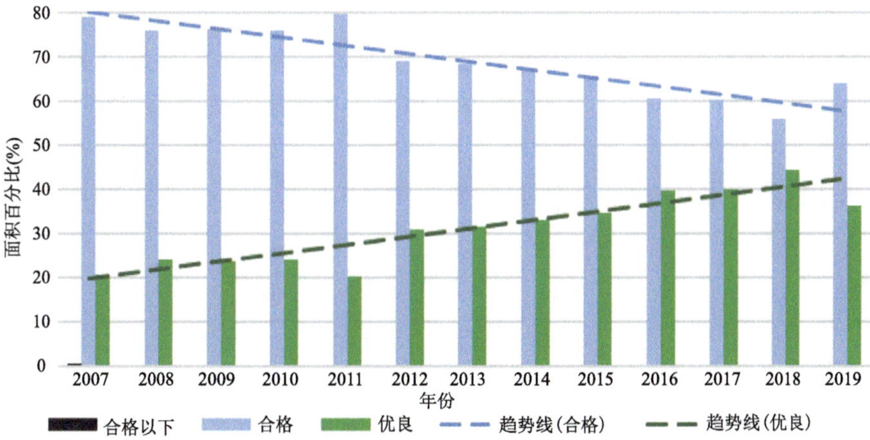

图6　2007—2019年黄土高原生态环境质量分级面积百分比统计

内蒙古黄河流域植被生态持续稳步好转

韩芳　钱连红　刘朋涛　桑婧

（内蒙古自治区生态与农业气象中心　2020年6月18日）

摘要：内蒙古自治区气象局利用卫星遥感技术监测评估了内蒙古黄河流域的植被生态质量，结果表明：近20年约98%的区域植被覆盖度增大，约96%的区域植被净初级生产力增长，植被生态质量指数实现“三级跳”。2019年内蒙古黄河流域植被生态质量指数为16.3，较近20年平均值增大20.1%，但低于2018年。

一、植被覆盖度明显增大

植被覆盖度是衡量地表植被状况的重要指标。

卫星遥感监测结果分析显示：2000—2019年内蒙古黄河流域植被覆盖度呈明显的阶梯式上升趋势，从最低不足12%（2001年），恢复到最高19.4%（2018年），提高了7个百分点（图1a）。

近20年内蒙古黄河流域平均植被覆盖度为15.9%。其中，杭锦旗北部植被覆盖度最低，不足5%；土默特左旗、土默特右旗植被覆盖度超过40%（图1b）。约98%的区域植被覆盖度增大，特别是东南部的和林格尔县、清水河以及准格尔旗增大最为明显。

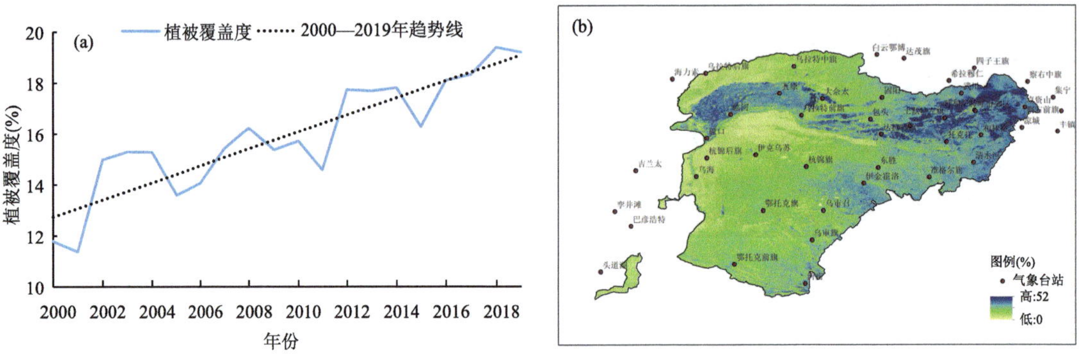

图1　2000—2019年内蒙古黄河流域植被覆盖度变化曲线(a)及平均植被覆盖度空间分布(b)

二、植被净初级生产力持续增长

植被净初级生产力(NPP)，可以反映在自然环境条件下植被的固碳能力，也是判断生态系统健康状况和可持续发展的重要因素。

2000年以来内蒙古黄河流域植被NPP持续增长，平均每年增加3.87克·碳/平方米，从最低的 81.9 克·碳/平方米(2000 年)增长到 219.63 克·碳/平方米(2018 年),提高了近 2.5 倍(图 2a)。

近 20 年内蒙古黄河流域年平均 NPP 为 155.1 克·碳/平方米,较高的区域主要分布在土默特左旗、土默特右旗、卓资县等地区;约 96%的区域 NPP 增长,特别是和林格尔县、清水河以及准格尔旗地区增长明显,仅在河套部分地区减少(图 2b)。

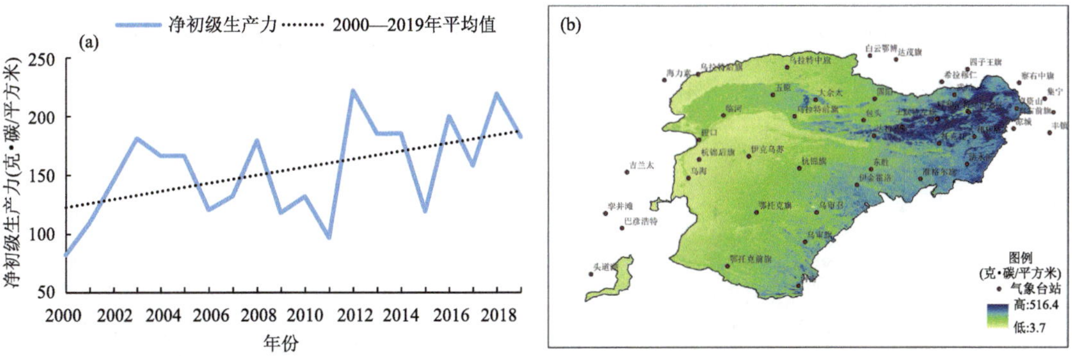

图 2　2000—2019 年内蒙古黄河流域植被 NPP 变化曲线(a)及平均 NPP 空间分布(b)

三、植被生态质量指数"三级跳"

植被生态质量指数是以植被净初级生产力(NPP)和覆盖度为基础的综合指数,其值越大,表明植被生态质量越好。

2000—2019 年内蒙古黄河流域植被生态质量指数出现"三级跳":2012—2019 年植被生态质量指数较 2000—2001 年、2002—2011 年两个阶段明显提高,2018 年最高,2012 年次之(图 3a)。

2019 年内蒙古黄河流域植被生态质量指数为 16.3,较近 20 年平均值增大 20.1%,但远低于全国平均水平(67.6)。近 20 年内蒙古黄河流域植被生态质量指数约为 13.5,呈现东高西低的分布格局;约 94% 的区域植被生态质量指数呈增大趋势,特别是东南部地区植被生态质量明显改善,而植被生态质量变差的区域零星分布于河套地区及中部部分区域(图 3b)。

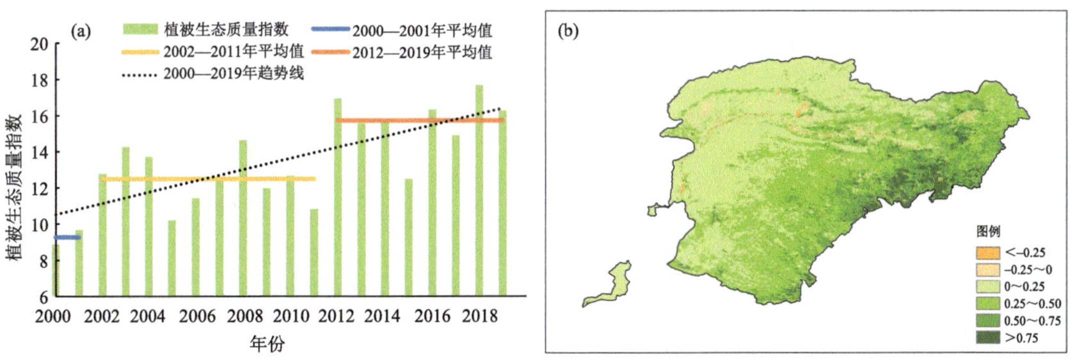

图 3　2000—2019 年内蒙古黄河流域植被生态质量指数时间变化曲线(a)及变化趋势率(b)

四、对策与建议

一是气候是影响植被分布、植被生长的重要因素。《第三次气候变化国家评估报告》中指出，西部干旱和半干旱地区近 30 年气温和降水呈持续增加趋势。未来，中国区域气温将继续上升，全国降水量平均增幅为 2%～5%，北方降水可能增加 5%～15%。

2000 年以来内蒙古黄河流域气候变化呈现气温升高、降水增多的特征，平均气温升高率 0.33 ℃/10 年，由东北向西南方向逐渐增大；年平均降水量增大率为 25 毫米/10 年，由西北向东南增大(图 4)。建议充分利用气候变暖湿的有利时机，推动生态文明建设，构筑“万里绿色长城”。

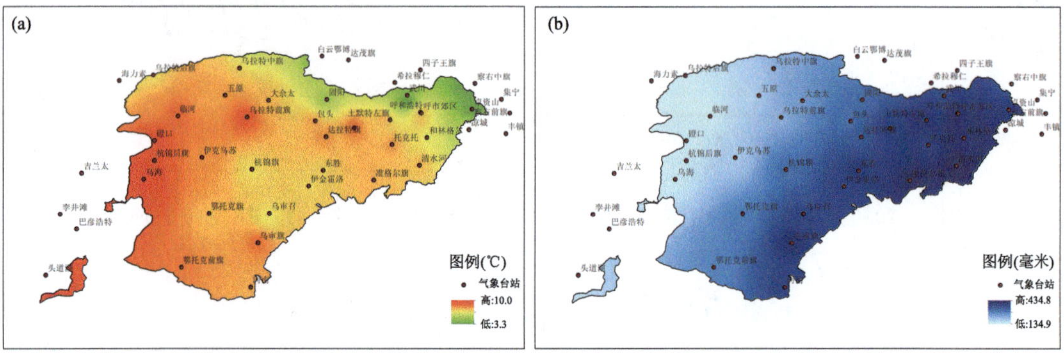

图 4　2000—2019 年内蒙古黄河流域年平均气温(a)及年平均降水量(b)空间分布

二是加强生态环境气象业务服务能力建设，助力黄河流域生态环境保护。到 2025 年内蒙古自治区气象局将逐渐完善“天空地”一体化生态环境气象观测体系、建立生态环境气象预报体系、健全生态环境气象服务体系。

三是建议继续实施京津风沙源治理、三北防护林建设、退耕还林还草等重点生态治理工程，继续实施国家水土保持重点治理工程、坡耕地综合治理工程和淤地坝除险加固工程，抓好乌梁素海、岱海等重点湖泊综合治理，加快大型灌溉续建配套与节水改造工程，规模化推进管道灌溉、喷灌、滴管、微灌等节水灌溉技术，进一步提高流域植被覆盖度和生态质量。

四是组织科研机构和有关企业开展专项研究和联合科研攻关，有针对性地改善植被生态偏差的内蒙古黄河流域西部的乌海、杭锦后旗、临河、乌拉特前旗地区的生态质量。

天津植被生态系统监测评估

郭军　黄鹤　梁冬坡

（天津市气候中心　2021 年 11 月 23 日）

摘要：多源高分辨率卫星遥感监测数据显示：2011 年以来天津市植被覆盖率总体稳步提高，“十三五”期间较“十二五”期间增加了 0.65%。2020 年全市植被总固碳量（二氧化碳当量）为 500.14 万吨，较 2017 年增加了 19.89 万吨，占京津冀总量的 3.69%。其中，蓟州区和绿屏区固碳量分别为 86.17 万吨和 25.01 万吨，较 2017 年分别增加了 4.83 万吨和 2.55 万吨；2020 年全市单位面积固碳量为 417.96 克/平方米，较 2017 年增加了 16.63 克/平方米，较北京、河北分别少 249.69 克/平方米、216.44 克/平方米。其中，绿屏区为 344.53 克/平方米，较 2017 年增加 35.19 克/平方米，为全市平均增加量的 2.1 倍。建议针对全市及重点生态功能区植被生态系统：一是强化生态质量实时监测与动态评估；二是定期开展固碳能力评估，发挥“碳汇”功能，科学应对“双碳”目标愿景。

一、全市植被覆盖率总体稳步提高

多源高分辨率卫星遥感监测数据显示：2011 年以来天津市年均植被覆盖率呈波动变化，但总体稳步提高。“十三五”期间（2016—2020 年）全市植被覆盖率均值为 65.62%，较“十二五”期间（2011—2015 年；64.97%）增加了 0.65%（图 1）。

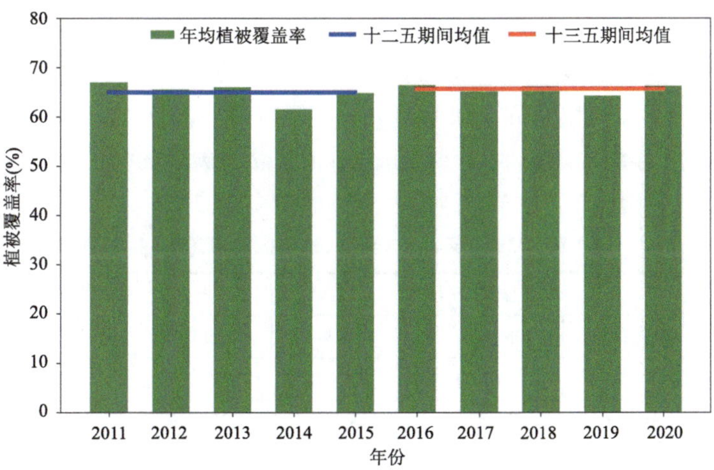

图 1　天津市植被覆盖率年变化（2011—2020 年）

2020 年全市平均植被覆盖率为 66.22%。其中，覆盖率超过 70% 的区域(图 2 绿色区域)面积占市域面积的 54%以上，集中分布在中北部与西南部地区，低于 30%的区域(图 2 粉色区域)面积占比仅为 3%左右，主要分布在人口集聚和城市化程度高的城镇地区(图 2)。

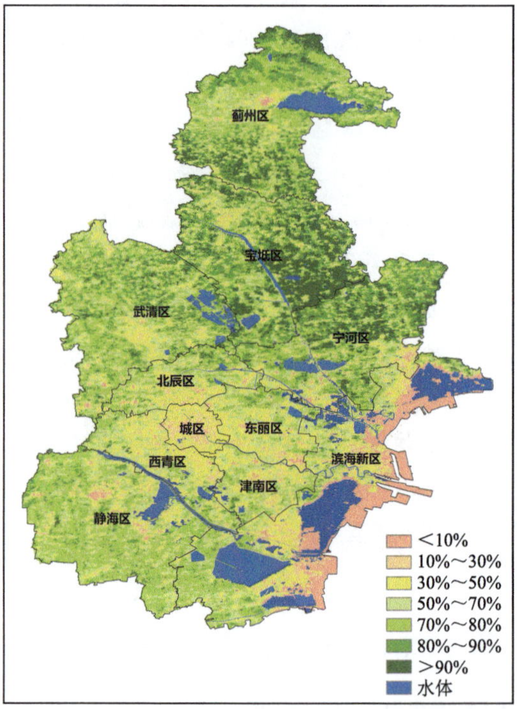

图 2　2020 年天津市植被覆盖率空间分布

二、全市植被固碳能力有所增大，绿屏区单位面积固碳量增幅最大

2020 年全市植被总固碳量(二氧化碳当量，下同)为 500.14 万吨，较 2017 年增加了 19.89 万吨，约占京津冀区域总固碳量(13573.15 万吨)的 3.69%。其中，蓟州区总固碳量 86.17 万吨，较 2017 年增加了 4.84 万吨，占全市植被总固碳量的 17.23%；绿屏区总固碳量 25.01 万吨，较 2017 年增加了 2.55 万吨，占全市的 5%(表 1)。

表 1　2017 和 2020 年天津市(全市、蓟州区和绿屏区)植被固碳量

年份	固碳总量(万吨)			单位面积固碳量(克/平方米)		
	全市	蓟州区	绿屏区	全市	蓟州区	绿屏区
2017 年	480.24	81.32	22.46	401.34	511.48	309.34
2020 年	500.14	86.16	25.01	417.96	541.87	344.53
近 3 年增量	19.89	4.83	2.55	16.63	30.39	35.19

从单位面积固碳量来看，2020 年全市平均值为 417.96 克/平方米，较 2017 年增加

16.63 克/平方米，较北京市(667.65 克/平方米)少 249.69 克/平方米，较河北省(634.40 克/平方米)少 216.44 克/平方米。单位面积固碳量高值区主要分布在蓟州区、宝坻区、武清区、宁河区、静海区和滨海新区西南部等林区和涉农区域(图 3)。其中，2020 年蓟州区平均值为 541.87 克/平方米，较 2017 年增加 30.39 克/平方米；绿屏区为 344.53 克/平方米(图 4)，较 2017 年增加 35.19 克/平方米，为全市平均增加量的 2.1 倍。

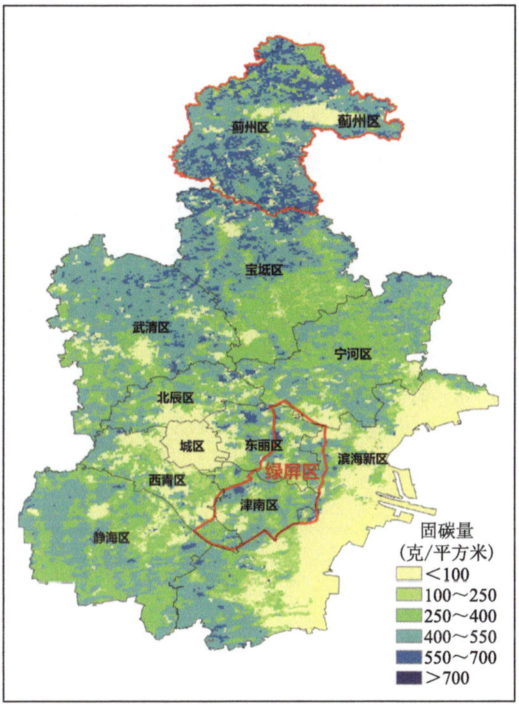

图 3 2020 年天津市植被固碳量空间分布

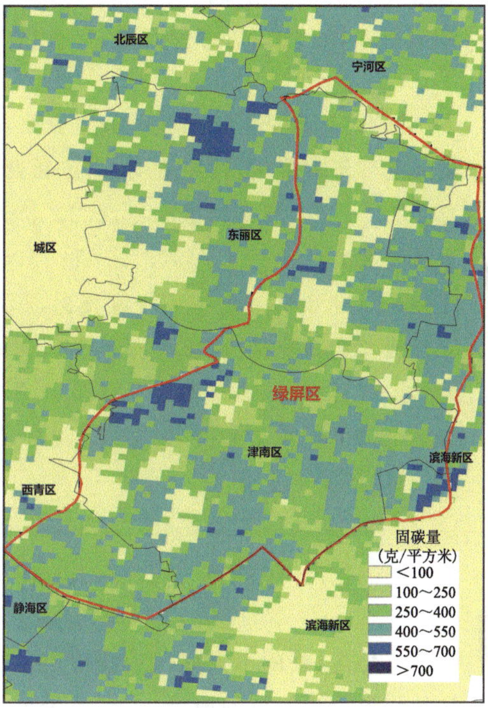

图 4 2020 年绿屏区植被固碳量空间分布

三、建议

一是强化国产高分辨率卫星数据在全市生态建设保障和生态文明建设绩效评价中的应用，并辅以地面生态气象观测站，提升地表生态、气候要素以及生态质量的实时监测与动态评估能力。

二是定期开展全市及重点生态功能区固碳能力评估，充分发挥植被生态系统“碳汇”功能，为天津“双碳”目标愿景科学实现提供决策依据。

辽西北植被生态环境变化对沈阳都市圈大气环境的影响分析

李雨鸿[1] 洪也[2] 李晶[1] 王婷[1] 李辑[1] 郭婷婷[1] 周斌[1] 李荣平[2] 王扬锋[2]

（1.辽宁省生态气象和卫星遥感中心；2.中国气象局沈阳大气环境研究所 2021年11月30日）

摘要：利用卫星遥感数据和气象资料，分析了辽西北植被生态变化对沈阳都市圈大气环境的影响，结果表明：①辽西北地区2000年以来植被生态状况明显向好，与2000—2008年平均值相比，2020年植被覆盖度、植被净初级生产力及植被生态质量指数分别提升6.4%、8.9%和11.5%；②辽西北地区生态系统服务功能整体改善，与2000—2009年平均值相比，2010—2020年辽西北地区平均土壤保持量及水源涵养量分别提升42.6%和64.5%；③当辽西北地区植被覆盖度呈增大趋势时，对应下游沈阳都市圈大气环境质量呈显著变好趋势，与2005—2008年平均值相比，2020年降尘量下降32.5%；与2000—2008年平均值相比，沙尘天数下降65.4%，能见度上升24.4%。

引言

辽西北地区（朝阳市、阜新市、铁岭市及沈阳的康平和法库县）北邻科尔沁沙地，是辽宁省土地沙化危害最严重的地区，生态环境较为脆弱。脆弱的生态环境不仅制约了当地经济发展，而且对沈阳都市圈（沈阳、鞍山、抚顺、本溪、辽阳和铁岭地区）的大气环境也带来了不利影响。自2000年起，国家加大了对辽西北地区的生态建设支持力度，先后实施三北（东北、西北、华北）防护林、退耕还林等国家生态建设工程和千万亩经济林、青山工程、辽西北草原沙化治理等省级生态建设工程，生态建设工程的实施促进了辽西北植被状况的好转。

基于卫星遥感数据结合气象观测资料，对2000年以来辽西北植被状况及生态功能变化进行分析，并利用大气降尘量、沙尘天气发生日数、能见度共3个指标评价沈阳都市圈的大气环境质量状况，分析辽西北植被生态状况对沈阳都市圈大气环境的影响，以期为辽宁省区域生态安全和可持续发展提供科学依据。

一、辽西北地区植被状况和生态服务功能明显改善

（一）辽西北地区植被生态状况明显向好

气象卫星监测显示，2000年以来辽西北大部分地区植被覆盖度、净初级生产力（NPP）、植被生态质量指数均呈增大趋势，2020年植被生态状况较2000—2008年的整体状况明显提升。

(1)2020 年辽西北生长季平均植被覆盖度为 53.6%，较 2000 年提高了 10.5 个百分点，增速为每年 0.4%，较高和高覆盖度地区面积占比较 2000 年增加 13.8%；与 2000—2008 年植被覆盖状况平均值(47.2%)相比，91.6%的辽西北地区植被覆盖度呈增大趋势，整体提升 6.4%，仅部分城镇区域植被覆盖度有所降低。

(2)植被净初级生产力可以反映在自然环境条件下植被的固碳能力，也是生态系统中其他生物成员生存和繁衍的物质基础。2000 年以来辽西北地区植被 NPP 先增长后略有下降(图 1a)，2020 年生长季辽西北植被 NPP 平均值为 458.6 克·碳/平方米，与 2000 年相比，增加了 44.8%，平均增速为每年 4.7 克·碳/平方米。与 2000—2008 年植被 NPP 平均值相比，2020 年植被 NPP 整体提升 8.9%，其中，辽西北 84.0%的地区呈增长趋势，仅康平部分、阜新局部和铁岭北部地区植被 NPP 有所降低。

(3)植被生态质量指数是以植被净初级生产力和覆盖度为基础的综合指数，其值越大，表明植被生态质量越好。2020 年生长季辽西北地区平均植被生态质量指数为 47.2，较 2000 年增加了 32.4%，植被生态质量明显提升，平均增速为每年 0.4。与 2000—2008 年的植被生态质量指数平均值相比，2020 年增加了 11.5%，其中，辽西北 90.4%的地区植被生态质量指数呈提高趋势，其中，朝阳市植被生态质量指数涨幅最大，表明辽西北大部分地区自 2009 年以来植被生态环境整体变好，朝阳市植被生态质量改善最为明显，变差区域零星分布在城镇周围(图 1b)。

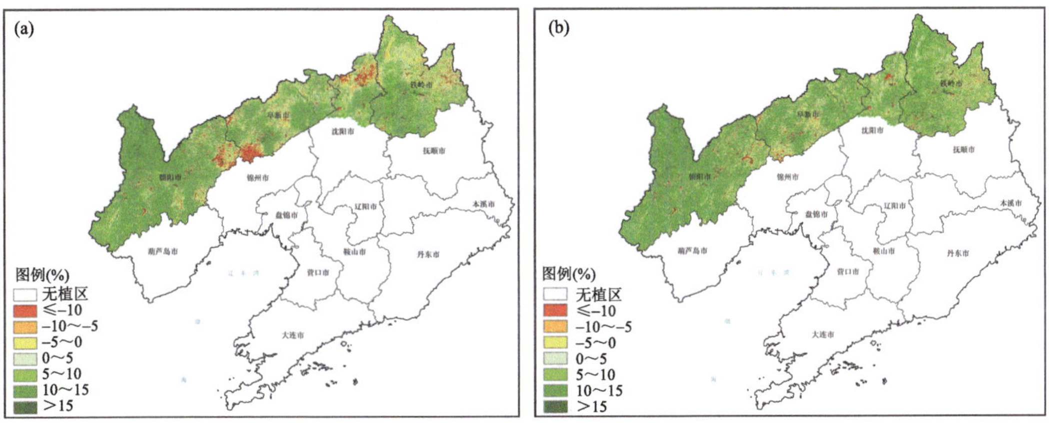

图 1 辽西北植被净初级生产力变化(a)及植被生态质量指数(b)变化

(2020 年与 2000—2008 年均值的差)

(二)辽西北地区生态系统服务功能整体改善

(1)水土保持是森林、草原等生态系统通过其特有的结构与过程保护土壤，降低雨水侵蚀，减少土壤流失，是生态系统提供的重要调节服务之一，以土壤保持量为评价指标。与 2000—2009 年平均值相比，2010—2020 年辽西北地区平均土壤保持量提升 42.6%。

2020 年辽西北地区平均土壤保持量为 57.7 吨/公顷，其中，铁岭东部及朝阳部分地区土壤保持量在 200 吨/公顷以上。2000 年以来辽西北 99.5%的地区土壤保持量呈增大趋势，其中，铁岭东部及朝阳大部地区土壤保持量增大趋势明显。

2000 年以来，辽西北地区土壤保持量波动提升，2010 年土壤保持量达到最大值，2010—2020 年平均值比 2000—2009 年土壤保持量平均值总体提高 42.6%（图 2a），表明 2010 年以来辽西北的水土保持能力更好，水土保持功能进一步增强。

（2）水源涵养是生态系统通过特有的结构与水相互作用，通过对降水进行截留、渗透、蓄积，并通过蒸（散）发实现对水流、水循环的调控。与 2000—2009 年平均值相比，2010—2020 年辽西北地区平均水源涵养量提升 64.5%。

2020 年辽西北地区平均水源涵养量为 69.2 毫米/平方千米，其中，铁岭东部地区水源涵养量在 100 毫米/平方千米以上。2000 年以来辽西北 82.2% 的地区水源涵养量呈增加趋势，呈递减趋势的地区零星分布在辽西北各个地区，其中，铁岭东部及阜新东部土壤保持量增大趋势明显。

2000 年以来辽西北地区水源涵养量波动提升，2010 年水源涵养量达到最大值，2010—2020 年平均值比 2000 至 2009 年水源涵养量平均值总体提高 64.5%（图 2b），仅个别年份因降水偏少影响出现极低值，表明 2010 年以来辽西北的水源涵养能力整体变好，水源涵养功能进一步增强。

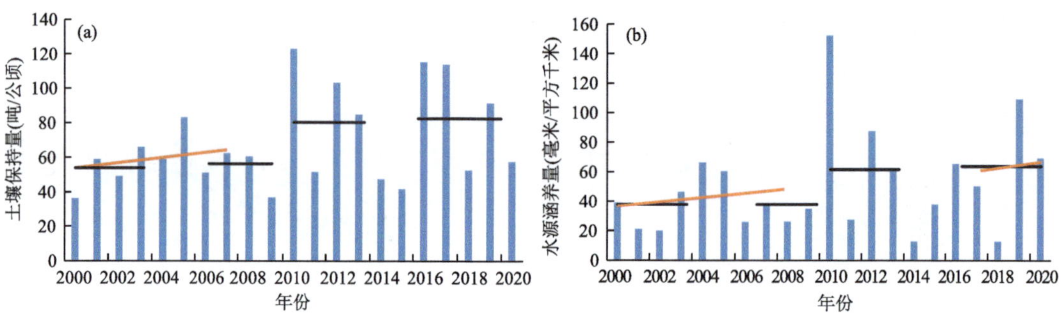

图 2　2000—2020 年辽西北土壤保持量（a）及水源涵养量（b）时间变化

二、沈阳都市圈大气环境质量明显改善

（一）大气降尘量逐年降低

2005—2020 年，沈阳都市圈大气降尘量显著降低。与 2005—2008 年平均值相比，2020 年降尘量下降 32.5%，降低面积达 85.8%。沈阳地区降低幅度最大，降尘量下降 70.6%。

沈阳都市圈大气降尘量的时空变化情况与辽西北地区植被覆盖度趋势呼应得很好，当西北地区植被覆盖度呈增大趋势时，对应下游沈阳都市圈大气降尘量呈显著降低趋势。从 2005 年的 1138 万吨下降到 2020 年的 572 万吨。沈阳都市圈 2020 年与 2005—2008 年平均值相比，降尘量下降 32.5%，降低面积达 85.8%（图 3a，b），其中，沈阳地区降低幅度最大，降尘量下降最大（70.6%）。单位面积降尘量降低达 12.38 吨/平方千米，降幅在 50%以上。

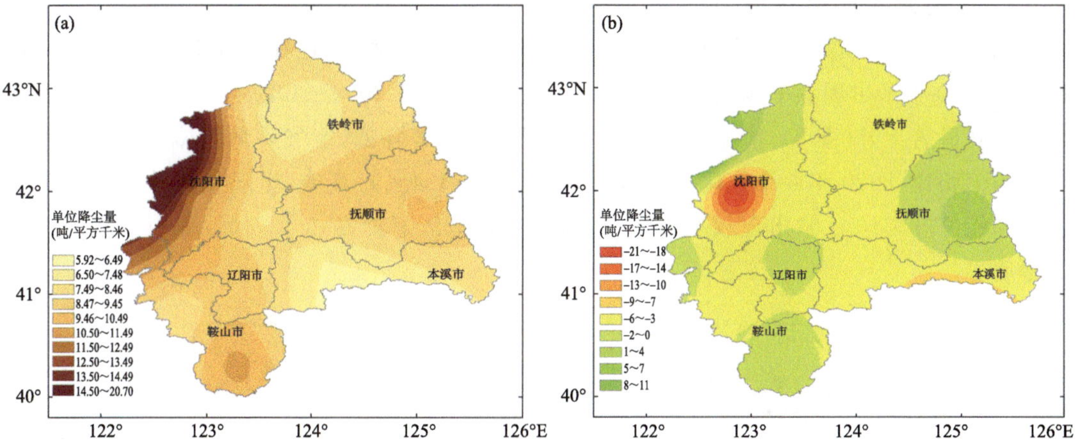

图 3　沈阳都市圈 2020 年大气单位面积降尘量分布(a)及
2020 年与 2005—2008 年平均值的差(b)

(二)沙尘天数明显减少

2000—2020 年，沈阳都市圈扬尘天气(扬沙、浮尘和沙尘暴)出现的天数呈显著减少趋势(图 4a)，各地区也明显减少(图 4b，沙尘天数和第三部分能见度统计值均以 2000—2008 年为基准年)。与基准年相比，6 个地区中 2020 年沙尘天数减少 65.4%，各地区全部减少。其中，沈阳地区减少幅度最高，高达 73.9%。

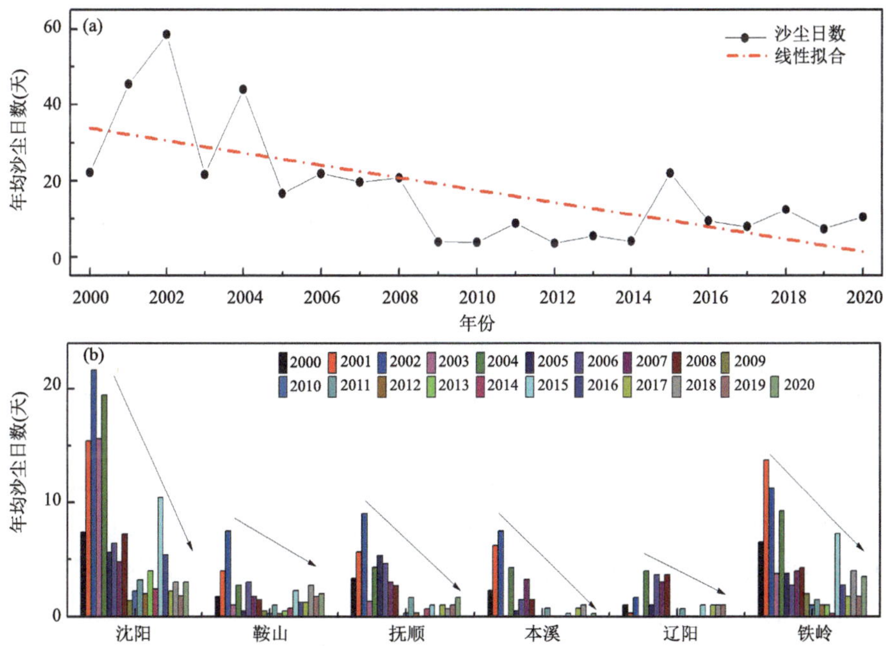

图 4　沈阳都市圈各地区沙尘日数年变化(a)及沙尘日数年变化(b)

(三)能见度显著提高

能见度也能一定程度上代表空气质量的好坏。能见度越高,往往表明空气质量越好,而能见度≤10 千米出现频率越高,往往表明空气质量越差。2000—2020 年,沈阳都市圈各地区能见度显著上升(图 5),能见度≤10千米出现频率显著降低,空气质量整体转好。与基准年平均值相比,2020 年 6 个地区能见度全部上升达 24.4%。其中,沈阳和铁岭地区能见度上升和能见度≤10 千米出现频率下降最显著,沈阳地区下降高达 45.4%,表明空气质量提升最明显。

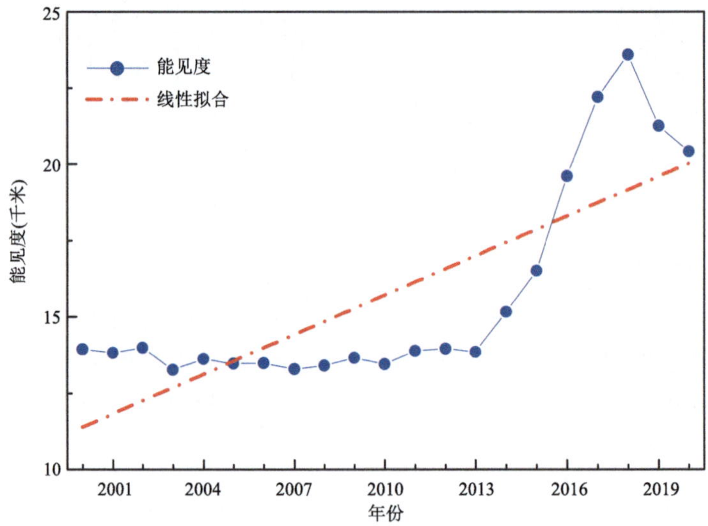

图 5 沈阳都市圈能见度年变化

三、结论

(1)气象卫星遥感监测综合分析表明,2000 年以来,辽西北植被覆盖度、净初级生产力和植被生态质量指数总体提升,各指数综合显示辽西北植被生态状况明显向好;生态系统水土保持和水源涵养服务能力波动提升,陆地植被对环境的调节作用逐渐增强。

(2)与 2005—2008 年均值相比,2020 年沈阳都市圈的降尘量下降 32.5%;沙尘天数下降 65.4%,能见度提高 24.4%。其中,沈阳地区各项指标最显著,降尘量下降 70.6%,沙尘天数下降 73.9%,能见度≤10 千米出现频率下降 45.4%。

(3)由于辽西北地区陆地植被生态质量的明显改善,一定程度增强了区域的降温增湿作用,可促使局地流场发生变化,改善局地微气象条件及大气物理环境;辽西北下垫面生态状况的改善在很大程度上促使其下游沈阳都市圈大气物理环境的改善,充分说明多年来辽西北生态建设保护工程效果明显。

北京市气象局关于 CO_2 监测与落实碳中和目标技术报告

马志强 杨世莉 乔林 窦军霞 郑祚芳

（京津冀环境气象预报预警中心 2021 年 2 月 8 日）

摘要：北京市气象局上甸子国家大气本底站是我国东部地区最早建立的温室气体综合研究站，从 2006 年开始监测大气中 CO_2 浓度。分析结果显示，京津冀地区 CO_2 本底浓度明显高于全球均值，2019 年 CO_2 浓度增速明显放缓，表明北京为实现碳达峰采取的行动已经取得初步成效。2010—2018 年，北京生态涵养区的植被覆盖逐年增大，夏季植被吸收 CO_2 的“碳汇”效应显著，为北京实现碳中和打下了良好基础。根据北京市的宏观经济发展数据，通过假定不同的发展模式（基准情景、低碳情景和强化情景）进行预估，结果显示，按照目前万元 GDP 的能耗下降趋势，增加可再生能源的占比是实现碳中和的关键因素。

2020 年 9 月 22 日国家主席习近平在第七十五届联合国大会一般性辩论上发表重要讲话，向全世界承诺“中国将提高国家自主贡献力度，采取更加有力的政策和措施，二氧化碳排放力争于 2030 年前达到峰值，努力争取 2060 年前实现碳中和”。中国从碳达峰到碳中和的时间只有 30 年左右，与发达国家相比时间大幅度缩短，因此面临巨大挑战。

一、北京市气象局对 CO_2 监测和研究具有深厚积累

北京市气象局高度重视温室气体排放对气候变化的影响，最早在密云区上甸子国家大气本底站（以下简称上甸子站）开展 CO_2 监测与研究。

按照中国气象局部署要求，始建于 1958 年的上甸子站在 1981 年加入世界气象组织（WMO）全球大气观测网（WMO/GAW），2005 年成为科技部第一批野外观测台站，其观测结果代表并反映京津冀地区大气本底状况。在中国气象局气象探测中心的指导下，上甸子站从 2006 年 7 月开始监测大气中 CO_2 浓度，是我国东部地区最早开展 CO_2 监测的站点，迄今为止已经有 15 年的观测数据。

在进行 CO_2 浓度监测的同时，为了跟踪 CO_2 排放和吸收的变化情况，北京市气象局还开展了 CO_2 通量监测。自 2009 年起，北京市气象局开始进行 CO_2 通量组网监测，已经建成密云、顺义、海淀等监测站点，并且与中国科学院大气物理所和天津市气象局开展合作，分别在北京市区 325 米气象塔和天津市 255 米气象塔进行不同高度 CO_2 通量观测，实现了 CO_2 通量的三维监测，初步形成一个覆盖北京市区、城郊和远郊区的城市 CO_2 通量观测网络。

二、京津冀地区 CO_2 本底浓度增速明显高于全球平均

统计数据表明，2006 年中国超越美国成为世界最大的 CO_2 排放国。随着排放量增大，全球大气中 CO_2 浓度持续上升，京津冀地区的 CO_2 变化趋势也与此相同。从图 1 可以发现，上甸子站观测的 CO_2 浓度明显高于全球均值，并且两者之间的差距还在继续扩大。2007 年差值仅为 2 ppm，2018 年上甸子高于全球平均值 12 ppm。近 10 年来，全球 CO_2 平均增速为 2.37 ppm/年，而上甸子站的增速为 3.30 ppm/年，表明京津冀地区 CO_2 排放水平较高。可喜的是，2019 年上甸子 CO_2 本底浓度增速明显放缓，与全球平均的差值缩小为 9.8 ppm，释放出良好的信号，充分表明北京率先实现碳达峰的行动已经取得初步成效，但是仍需持续关注，防止反弹。

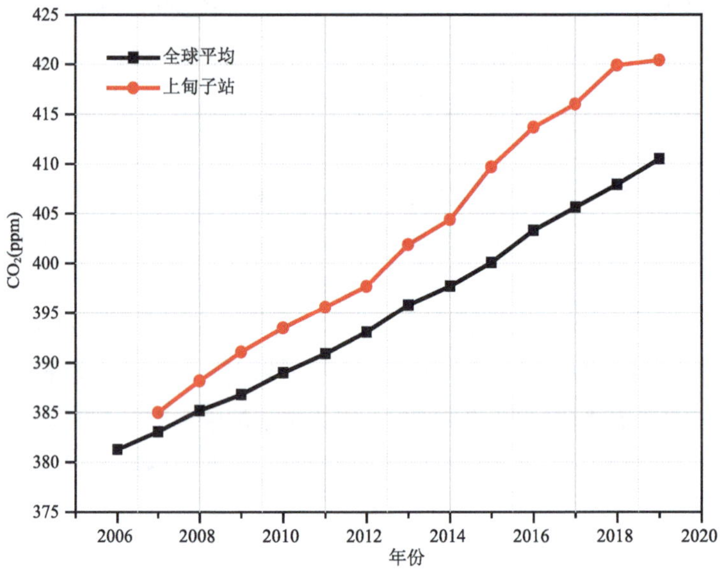

图 1 上甸子站监测的 CO_2 本底值与全球 CO_2 浓度变化趋势

三、CO_2 通量观测结果表明北京生态涵养区建设效果显著

2012—2016 年，北京地区共计造林 105 万亩、植树 5400 多万株，北京平原地区的森林覆盖率由 14.85%提高到 25%，全市森林覆盖率由 37.6%提高到 41%(数据来源:北京市园林绿化局)。夏季是植被的主要生长季，植物光合作用吸收 CO_2 的效果尤为明显，这使得夏季的 CO_2 通量明显下降。图 2 显示了 2010—2014 年和 2015—2018 年两个时段北京城区 CO_2 通量月均值的变化情况，可以发现 4—7 月 CO_2 通量下降 9.2%(图 2 黄色阴影)，8 月由于高温影响，土壤呼吸释放出的 CO_2 抵消了植被吸收的作用。夏季 CO_2 通量的变化表明，北京生态涵养区建设对吸收 CO_2 具有明显作用，生态涵养区建设为北京实现碳中和奠定了良好基础。

相较于夏季，其余季节 CO_2 通量变化不明显。冬季植被对 CO_2 吸收的作用较小，并且取暖排放大量 CO_2，导致 CO_2 通量全年最高，但是北京采取的燃煤锅炉改造、煤改电等取暖方

式初步降低了北京冬季1—2月CO_2排放量，使得冬季CO_2通量水平略微降低(图2蓝色阴影)，但其作用明显小于植被覆盖吸收CO_2的效果。

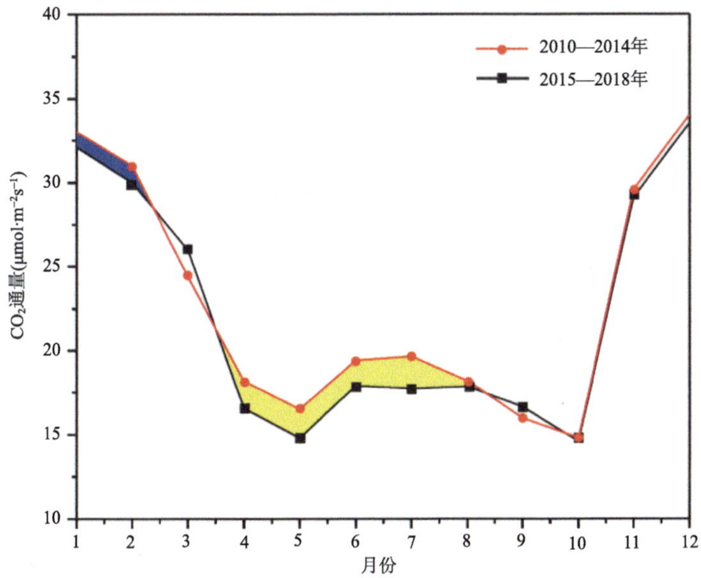

图2　北京CO_2通量变化趋势

四、北京市实现碳中和所面临的挑战

北京市作为第二批国家低碳城市，碳达峰时间表比国家承诺提前10年，但是如何实现碳中和还存在很大的不确定性。根据北京市的宏观经济发展数据，通过设定不同的发展模式(基准情景、低碳情景和强化情景)，在所有情景中，按照目前万元GDP的能耗下降趋势进行预估，结果表明增加可再生能源的占比是如期实现碳中和的关键因素。

(1)基准情景。能源结构持续调整，2030年可再生能源(含外调绿色电力)达到20%，2050年可再生能源(含外调绿色电力)占比达到50%。

(2)低碳情景。能源结构加速调整，2025年北京全面禁止使用煤炭，2030年可再生能源(含外调绿色电力)比例达到35%，2050达到70%。

(3)强化情景。能源结构强力调整，2030年北京市可再生能源(含外调绿色电力)比例超过50%。到2050年，可再生能源占比达到90%。

利用目前国际公认的IPAT经济模型预估了未来40年北京可能的碳排放路径，同时根据最新公布的陆地生态碳汇数据和北京市的森林发展规划，预估了北京市未来可能的生态碳汇，根据计算结果表明(图3)：

一是在基准碳排放路径下，2060年北京很难实现碳中和；二是在低碳情景排放路径下，北京达到碳中和将按期达标，具体时间预计在2050—2060年；三是在强化情景排放路径下，北京达到碳中和的时间会提前10～20年，预计在2040—2050年实现。

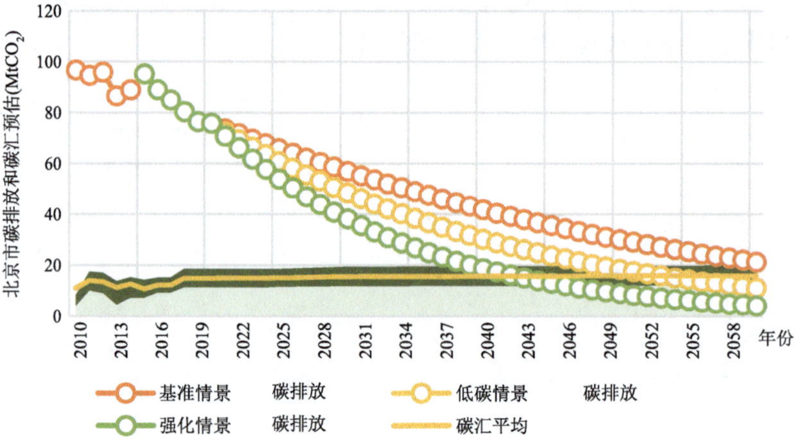

图 3 北京市未来碳排放和碳汇预估(深绿色阴影表示碳汇的不确定性)

五、建议

北京地区 CO_2 浓度不仅取决于本地区排放和吸纳的能力，还受到京津冀区域综合治理的影响，为尽早实现北京地区碳中和达标计划，需要进一步加强 CO_2 以及其他温室气体的监测评估，具体包括以下三点建议：

(1)尽管目前我国碳中和目标是否包含非 CO_2 温室气体还有待明确，但北京作为首都有条件率先开展《巴黎协定》中涉及的全部温室气体监测布局，在北京市气象局已有的 1 个综合观测站和 5 个通量站的基础上，加强 CO_2 和非 CO_2 温室气体监测能力，抓紧织密补全全市碳通量与温室气体监测网络，为追踪溯源北京地区温室气体来源及变化特征提供科学可靠的数据支撑。

(2)为获取大范围的 CO_2 分布水平，我国于 2016 年 12 月发射了首颗 CO_2 观测卫星 TANSAT，北京市气象局已利用该卫星资料开展了 CO_2 定量遥感反演技术的预研究，但是由于缺少近地面垂直观测，卫星数据反演精度不够，亟须地面及垂直观测的数据进行订正。建议设立研究专项，利用北京市气象局人工影响天气飞机平台开展京津冀地区 CO_2 的垂直分布观测，进而提高卫星反演资料的质量，精准追踪区域 CO_2 的变化，科学评估京津冀地区碳中和进程。

(3)目前北京市及周边省(市)均在制定 CO_2 减排措施，因此存在如何客观评估不同部门、不同区域减排效果的需求。鉴于北京市气象局在温室气体监测和研究方面的长期积累，以及对 $PM_{2.5}$ 治理效果的评估经验，建议依托北京市气象局温室气体监测网络，开展针对北京市以及京津冀地区精细化的第三方独立碳排放评估。

卫星遥感 2001—2019 年秦岭生态气候特征分析

王钊[2] 雷向杰[2] 韩秀珍[3] 索高盈[1] 李涛[2] 何慧娟[2] 程肖侠[2]
王娟[2] 雷杨娜[2] 董金芳[2]
（1.陕西省秦岭生态环境保护委员会办公室；2.陕西省气象局；3.国家卫星气象中心 2020 年 4 月 28 日）

摘要：秦岭和合南北、泽被天下，是我国的中央水塔，是中华民族的祖脉和中华文化的重要象征。陕西省秦岭生态环境保护委员会办公室与陕西省气象局，利用气象卫星结合地面气象站观测资料科学评估显示：2019 年秦岭生态状况显著变好，生态质量达到优良等级的区域占比超过 96%。植被固碳能力和水源涵养能力是秦岭重要的生态服务功能，2001—2019 年秦岭植被固碳能力呈上升趋势，2019 年植被固碳量为 814.95 克·碳/平方米；秦岭地区水源涵养能力较为稳定，处于较高水平，2019 年水源涵养量为 305.5 毫米。2019 年秦岭气温正常略高，降水正常略多，雨雪冰冻、干旱和沙尘天气对秦岭生态环境有一定影响。

一、秦岭生态环境质量持续向好，优良生态环境区域超过 96%

综合利用卫星遥感生态环境参数构建的生态环境质量等级显示（图 1）：秦岭生态环境质量呈现逐年向好的发展趋势。2019 年秦岭生态环境状况显著变好，生态环境质量达到优良等级的区域占比超过 96%。

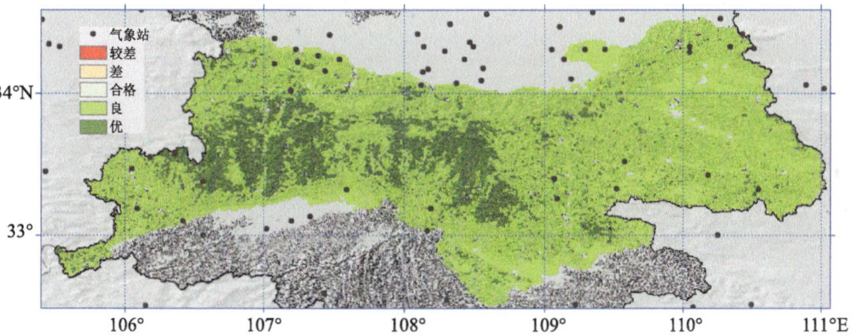

图 1　2019 年秦岭生态环境质量等级

二、秦岭植被固碳能力上升，水源涵养能力较为稳定

2001—2019 年秦岭植被固碳量在波动中呈缓慢增大趋势（图 2）。2001—2019 年均值为 793.96 克·碳/平方米。2001 年植被固碳量为 653.56 克·碳/平方米，2019 年上升至 814.95 克·碳/平方米，增幅为 24.69%。秦岭植被固碳量呈现西南高东北低的特征

(图 3a)，2001—2019 年植被固碳量均值都在 600 克·碳/平方米以上，大部分区域在 700～800克·碳/平方米，低值区主要集中秦岭北麓及商南等地区，而留坝、佛坪及宁陕植被固碳量较高。2001—2019 年秦岭大部分区域植被固碳量呈增大趋势(图 3b)。植被固碳量年际变化呈西高东低趋势，西部地区普遍高于东部地区，秦岭北麓年际变化率低于南麓。

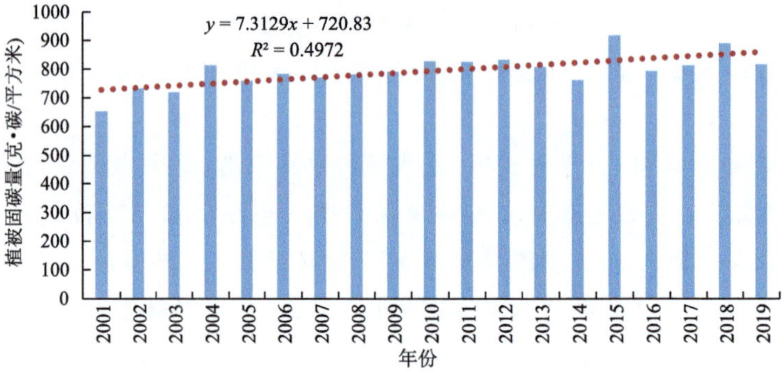

图 2　2001—2019 年秦岭地区植被固碳量年际变化

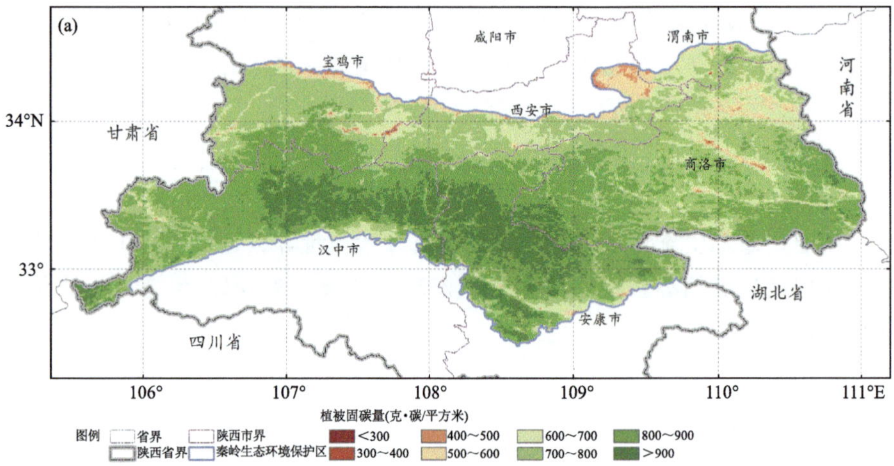

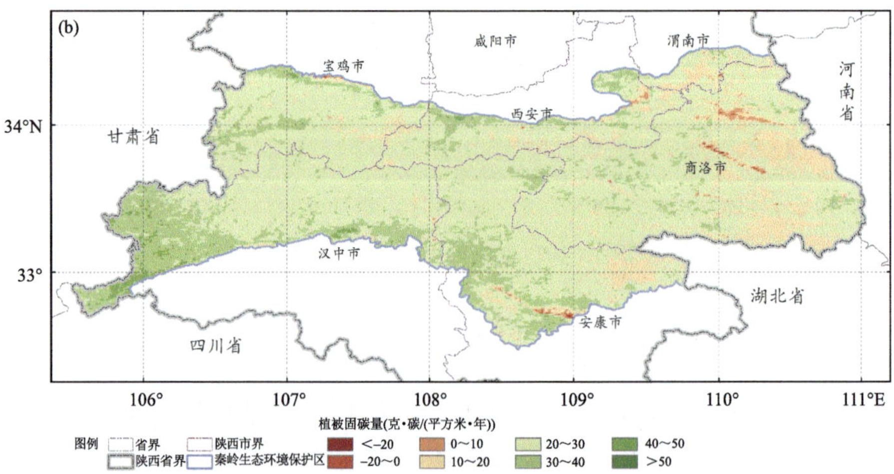

图 3　2001—2019 年秦岭地区植被固碳量均值

秦岭水源涵养能力较为稳定，处于较高水平，区域水源涵养量多年平均值为 263.3 毫米。2001—2019 年秦岭地区水源涵养量呈不显著的增大趋势(图 4)，变化倾向率为 0.84 毫米/年，由 2001 年的 209.7 毫米上升至 2019 年的 305.5 毫米。秦岭水源涵养量空间分布与地表植被类型及植被覆盖度密切相关，在林草区域水源涵养量高于耕地区域，植被覆盖度越高水源涵养量也越强(图 5a)。秦岭水源涵养量变化与降水量及地表蒸散的变化密切相关，降雨量增加的地区水源涵养量增加，地表蒸散增加的地区水源涵养量降低(图 5b)。

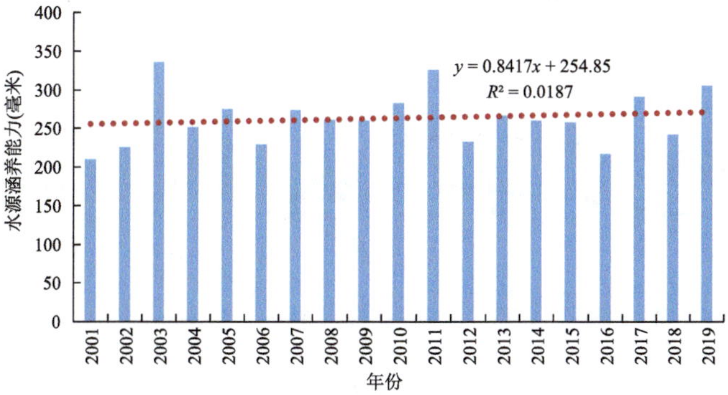

图 4　2001—2019 年秦岭地区水源涵养能力年际变化

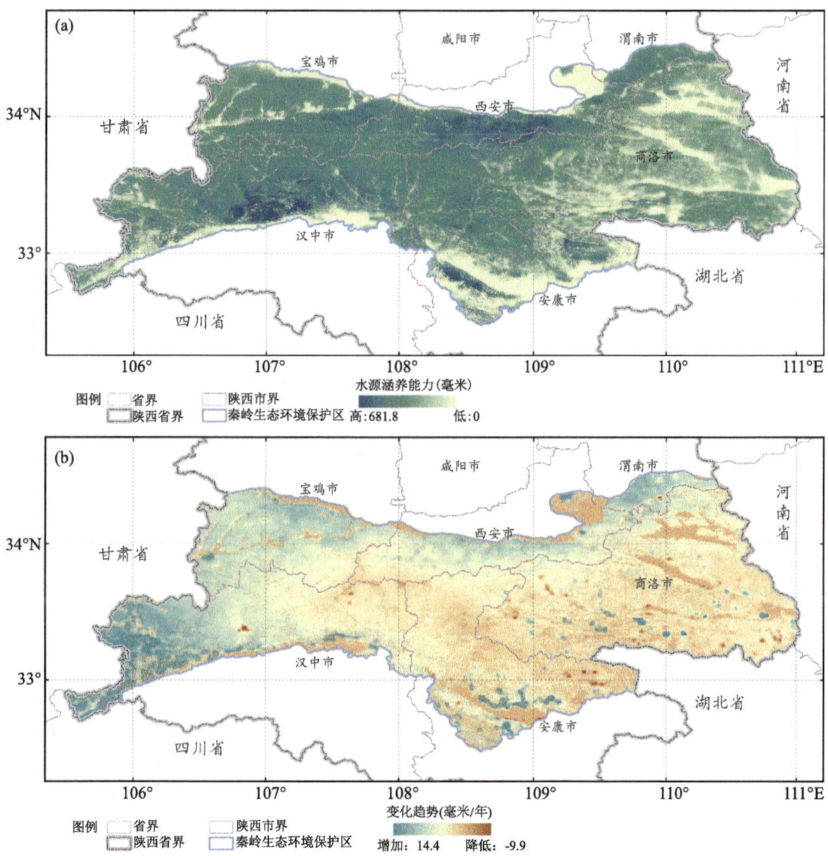

图 5　2001—2019 年秦岭地区水源涵养能力均值(a)和变化趋势(b)

三、2019 年气温正常略高，降水正常略多，雨雪冰冻、干旱和沙尘天气对秦岭生态环境产生一定影响

2019 年秦岭年平均气温 13.74 ℃，较常年偏高 0.42 ℃，属正常略高年份，其中，秦岭北坡 12.92 ℃，偏高 0.55 ℃。南坡 14.28 ℃，偏高 0.34 ℃。北坡偏高更加明显(图 6)。2019 年秦岭年平均降水量 875.53 毫米，较常年偏多 15.41%，属正常略多年份。其中，北坡 724.53 毫米，偏多 10.99%，南坡 978.85 毫米，偏多 18.43%(图 7)。

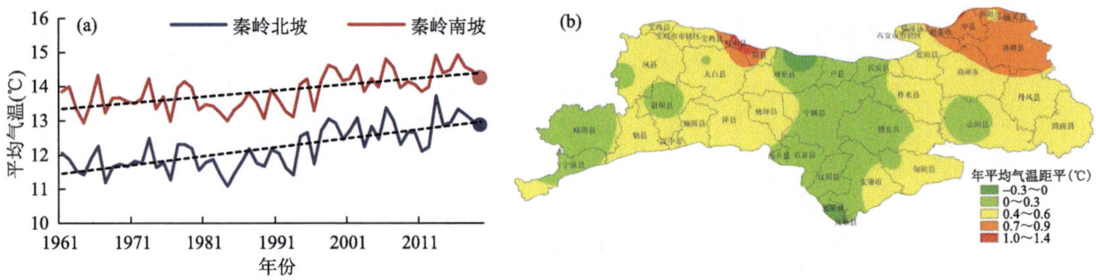

图 6　1961—2019 年秦岭年平均气温演变(a)和 2019 年秦岭年平均气温距平(b)

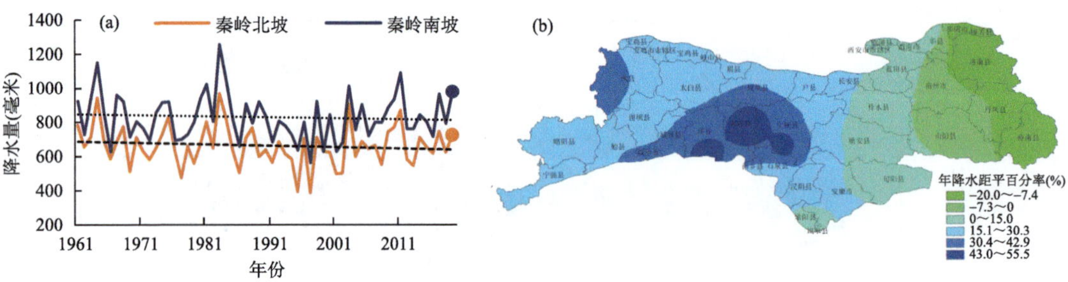

图 7　1961—2019 年秦岭年降水量演变(a)和 2019 年秦岭年降水量距平百分率(b)

2019 年 2 月，秦岭出现 4 次大范围雨雪天气过程，分别是 9—11 日降水量 1.98 毫米，16—18 日降水量 1.69 毫米，20—22 日降水量 0.59 毫米，26—27 日降水量 4.99 毫米。雨雪冰冻天气给交通、电力、供热、供水、农产品供应和群众生活，动植物正常越冬产生不利影响。

2019 年 3 月中旬至 4 月中旬，秦岭中东部部分地区出现中到重度气象干旱。干旱对农作物和经济林果产生不利影响。持续少雨使多地森林火险等级持续 4 级以上，部分地区长时间维持在 5 级极度危险状态，商州、蓝田等地出现森林火灾。

2019 年 5 月 12—14 日，秦岭出现一次明显沙尘天气过程。12 日宝鸡和商洛严重污染，汉中和安康轻度污染；13 日宝鸡和商洛严重污染，汉中重度污染，安康轻度污染；14 日商洛严重污染，宝鸡、汉中、安康轻度污染。其中，商洛 12—14 日连续 3 天严重污染。

近60年来四川大熊猫栖息地气候总体呈暖干化

郭海燕　刘佳

（四川省气候中心　2020年12月12日）

摘要：四川大熊猫栖息地位于从四川盆地向青藏高原过渡的山岳地带，整个分布区呈条状弧形岛屿状，山高谷深、纵横交错，由南向北有凉山、相岭、邛崃山、岷山等山系，地形十分复杂。大熊猫作为全球保护的旗舰物种，其分布格局变化受到广泛关注。四川省气象局组织专家对四川整体及各山系大熊猫栖息地气候变化事实以及未来气候变化风险进行分析。专家认为，干暖化是大熊猫栖息地气候变化的总体趋势。未来受气候变化影响，适宜大熊猫生存的区域可能由东南向西北发展。需高度警惕气候变化对四川大熊猫栖息地的影响，并采取有效措施使大熊猫能更好地适应气候变化。

大熊猫是我国的国宝，深受人民喜爱。保护大熊猫的关键是保护大熊猫栖息地。四川大熊猫栖息地位于从四川盆地向青藏高原过渡的山岳地带，整个分布区呈条状弧形岛屿状，由南向北有凉山、邛崃山、岷山以及大、小相岭等山系，地形复杂。四川省气象局专家分析认为，近60年，四川大熊猫栖息地气候总体上呈现暖干化趋势。未来受气候变化影响，适宜大熊猫生存区域可能由东南向西北发展，需警惕气候变化对四川大熊猫栖息地的影响。应从整个生态系统完整性的角度综合考虑，加强栖息地气象监测，将大熊猫种群保护与生态保护红线、国家公园体系建设等充分衔接，建立生态气候风险管理体系，使大熊猫能更好地适应气候变化。

一、气候变化对四川大熊猫栖息地的影响

大熊猫栖息地显著增暖。近60年，四川大熊猫栖息地年平均气温呈显著上升趋势，变化速率为每10年升高0.2 ℃，尤其是20世纪90年代以来，气温增暖态势加速，变化速率为每10年升高0.4 ℃，其中，岷山山系平均气温每10年升高0.6 ℃，增暖最快；同时凉山山系的极端高温变化速率达到了每10年升高1.0 ℃。从季节变化看，春季各分布区气温变化趋势有所不同，其余三季均呈一致的变暖趋势，秋冬季增暖较为显著。

大熊猫栖息地降水区域性差异明显，无雨日数显著增多。近60年来，大熊猫栖息地年降水量呈弱下降趋势，变化速率为每10年减少5.7毫米；降水区域性差异明显，凉山山系降水呈弱增加趋势，其余山系均呈减少趋势，其中，岷山和邛崃分布区降水量减少最为严重，分别为每10年减少14.6毫米和8毫米。栖息地无雨日数呈增多趋势，其中，凉山山系无雨日数增速最快，每10年增加11.4天；大、小相岭山系无雨日数增速最慢，每10年增加8.6天。

日照时数和平均相对湿度均呈减少趋势。近60年来，大熊猫栖息地绝大部分地区年均

日照时数呈减少趋势，大、小相岭减少速度最快，为每10年减少29小时。各山系相对湿度自1990年以来，表现出一致的下降趋势，其中大、小相岭降低最明显，为每10年降低1.9%，岷山山系相对湿度下降最小，也达到每10年降低0.5%。

综上所述，近60年来，四川大熊猫栖息地气候总体呈暖干化趋势。这种趋势将持续影响到四川大熊猫栖息地环境，并会导致大熊猫种群分布出现复杂的变化。

二、未来四川大熊猫栖息地可能面临的风险

极端天气气候事件增多严重威胁到大熊猫生存环境。据预测，在2050年前，大熊猫栖息地气温呈上升趋势，降水变化存在很大差异。从区域分布状况看，未来大熊猫栖息地西北部气温和降水增加幅度将大于东南部。极端高温事件和强降水事件均增多，降水诱发的地质灾害频发会导致大熊猫生存环境发生改变，还可能诱发主食竹开花，严重威胁到大熊猫的健康和食物安全。

大熊猫栖息地气候生态环境面临新的风险。通过对四川大熊猫气候适应性区划分析表明，气候变化使大熊猫适宜区分布在低海拔地区减少，在高海拔地区增多。未来气候变化将使四川大熊猫适宜区、次适宜区由东南向西北发展，最南端的大、小相岭和凉山山系减小最明显，山势陡峭、海拔较高的邛崃山系增大较显著。除气候变化因素外，人为干扰也是大熊猫栖息地减少的重要原因，由于道路和输电线路的分割，适宜栖息地分布的碎片化更加严重。

三、对策建议

一是加强大熊猫栖息地气象监测，建立生态气候风险管理体系。栖息地现有气象观测站整体比较稀疏，较难完整体现气候变化梯度特征，需加强大熊猫栖息地气候风险监测的科学设计，完善气象、生态等监测网布局，建立、健全大熊猫国家公园生态气候风险管理体系。加强对受气象灾害、气候变化影响严重区域的监测评估，加大对大熊猫扩散动向监测以及主食竹监测，从而更好地保护大熊猫生存环境，使大熊猫能更好地适应气候变化。

二是开展生态气候精细化评估，提前规划大熊猫栖息地的潜在适宜区。结合大熊猫栖息地未来气候变化趋势，密切关注主食竹分布格局变化，在更精细尺度上开展气候变化背景下大熊猫栖息地适宜度评估与预测。考虑到未来潜在适宜栖息地大多在现有大熊猫分布区或保护区外，因此需提早在大熊猫现有栖息地和潜在栖息地之间科学规划“迁徙走廊”，增进不同区域大熊猫个体之间的交流，同时提高大熊猫种群的稳定性。

三是加强气象与多部门合作，完善科学研究与保护应用转化机制。大熊猫栖息地气候监测预测评估与实地调查必须紧密结合。未来受气候变化和人为干扰等因素影响，四川大熊猫栖息地潜在适宜栖息地将大幅减少，且栖息地碎片化分布状态将更加严重。此外，水电站和输电网络也会影响适宜度区域，建议部门之间加强合作，科学规划该区域基础设施建设。

第四篇

农业气象决策服务

2020年主汛期湖北省农业洪涝灾害调查评估报告*

秦鹏程[1] 夏智宏[1] 魏立飞[2] 张丽文[1] 刘敏[1]
王凯[1] 邓环环[1] 柯丹[1] 孙元[1]
(1.湖北省气象局;2.湖北大学资源环境学院 2020年9月1日)

摘要:2020年主汛期以来,湖北省连续遭遇10轮强降雨袭击,全省平均雨量811.4毫米,为1951年以来同期之最,梅雨期雨量和强度超过1954年、1998年、2016年等典型洪涝年,发生严重外洪内涝灾害。省气象灾害防御办公室组织省气象局、省应急管理厅、省农业农村厅等部门联合武汉大学、湖北大学综合利用卫星遥感、暴雨洪涝淹没模拟和农业灾情评估技术,结合实地调查,客观评估了洪涝灾害对农业的影响:累计造成农作物和水产养殖受灾157.08万公顷,成灾80.55万公顷,绝收24.23万公顷,农业直接经济损失约145亿元。根据灾情评估模型推算,2020年雨情和水情强度均超过2016年,但实际灾情较2016年偏轻,调查分析表明,水利工程补短板、农业产业结构调整及气象预报预警和应急救灾措施在2020年洪涝灾害防御中发挥了重要作用。

一、洪涝灾害调查情况

2020年6月以来,全省遭遇新中国成立以来最强梅雨天气和长江流域性大洪水,引发严重外洪和内涝灾害,对农业生产造成了较大影响。为客观评估洪涝灾害损失,更好地服务救灾和灾后重建工作,湖北省气象灾害防御办公室组织省气象局、省应急管理厅、省农业农村厅等部门,并联合武汉大学、湖北大学利用卫星遥感、无人机等先进技术手段,对洪涝灾害密切监测、动态评估,并分别于7月9—11日、30—31日、8月10—14日赴洪湖、仙桃、黄梅、阳新等地开展灾情调查。

(一)调查方法

由省气象局、省应急管理厅、省农业农村厅和高校机构相关技术人员组成洪涝灾害调查评估专家组,利用汛期前后高分辨率卫星遥感影像对洪涝淹没水体进行快速解译,根据卫星遥感监测结果选择抽样调查地点,在灾害发生前、中、后不同时期,通过现场勘查、无人机航拍和入户走访等多种手段采集水情和灾情信息。

---

* 根据调查组最后一次开展调查的时间,本报告评估时段为2020年6月1日至8月11日。湖北省应急管理厅、湖北省农业农村厅、武汉大学测绘遥感信息工程国家重点实验室、湖北大学资源环境学院相关人员参加了灾情调查并提供了部分灾情和遥感水体监测数据。

(二)调查结果

调查区 7 月上中旬普遍存在农田受淹情况，其中，早稻正值成熟收获期，因洪涝影响无法及时收割，导致发芽霉变，丰产不丰收；中稻正值分蘖至孕穗期，由于田间水位长期过高，根系活力下降，幼穗分化受阻，预计将导致一定幅度减产，部分田块因没顶时间超过两周，处于绝收状态；玉米、棉花和蔬菜等旱地作物耐涝性差，受持续涝渍和寡照天气影响，长势偏弱、病虫害较重；水产养殖鱼塘受外洪内涝影响，发生漫塘、跑鱼，损失惨重。

对各乡镇调查结果统计显示，洪湖市农作物受灾面积 6.05 万公顷（占播种面积的 79.6%，下同），成灾面积 4.26 万公顷(56.1%)，绝收面积 0.98 万公顷(8.6%)；仙桃市农作物受灾面积 8.12 万公顷(72.1%)，成灾面积 5.69 万公顷(50.5%)，绝收面积 1.46 万公顷(13.0%)；黄梅县农作物受灾面积 5.04 万公顷(71.0%)，成灾面积 3.00 万公顷(42.3%)，绝收面积 0.65 万公顷(9.1%)。

二、洪涝灾害对全省农业影响的评估

综合利用多源卫星遥感、暴雨洪涝淹没模拟和农业灾情评估技术，结合实地调查和应急、农业部门灾情上报数据，客观评估了主汛期以来洪涝灾害对湖北省农业造成的损失。

(一)评估对象

全省在田农作物和水产养殖产业。

(二)评估数据

哨兵 1 号、高分 3 号、Landsat 等卫星遥感影像，ASTER GDEM 地形高程和土地利用分类数据，降水、蒸发等气象监测和江河水位监测数据，应急管理厅和农业农村厅灾情上报数据。

(三)评估方法

利用历史长序列气象、水文监测数据对比分析雨情和水清致灾强度，基于卫星遥感和暴雨洪涝淹没模拟技术反演洪涝致灾因子（淹没范围、水深、持续时间等），结合种养殖对象空间分布图和洪涝脆弱性模型构建灾情评估模型，通过仿真模拟、相似年比较及与抽样调查数据和部门上报数据比较综合评估灾害损失。

(四)评估结果

(1)雨情和水情。2020 年 6 月 1 日至 8 月 11 日，湖北省西南部和江汉平原及其以东地区共出现 10 次区域性暴雨或大暴雨天气过程，累计雨量鄂西北地区 300～600 毫米，江汉平原及其以东大部地区 800～1000 毫米，鄂东北东部和鄂西南中部 1000 毫米以上(图略)。据统计，全省平均雨量 811.4 毫米，较常年同期偏多 1 倍，梅雨期雨量和强度超过 1954 年、1998 年、2016 年等典型洪涝年，为新中国成立以来同期之最。期间长江干流监利以下全线超警戒水位，武汉关最高水位达 28.77 米，水情和雨情强度均超过 2016 年。

(2)洪涝淹没面积。卫星遥感监测显示，2020 年主汛期江汉平原、鄂东沿江平原和鄂西南部分地区因江河湖泊长时间维持高水位，农田大面积积水，发生明显洪涝灾害(图 1)，经统计，洪涝累计淹没全省土地面积 139.31 万公顷，其中，城镇受淹面积 12.12 万公顷，农田受淹面积 99.68 万公顷，林地受淹面积 8.05 万公顷。

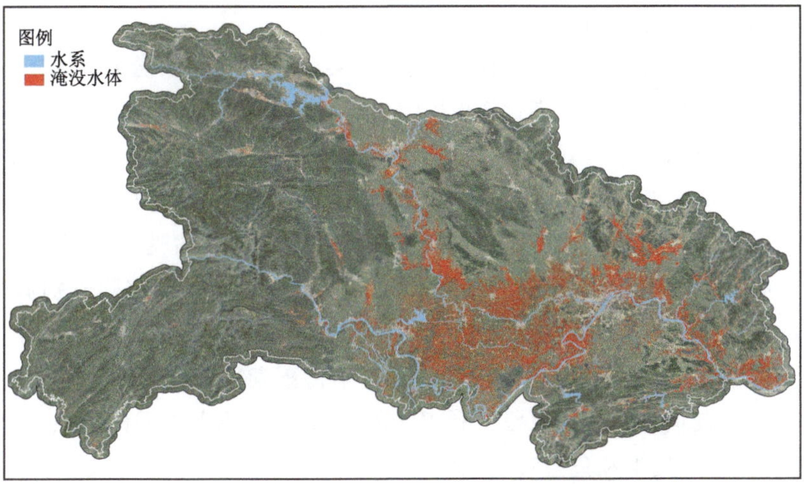

图 1 2020 年主汛期以来湖北省洪涝受淹范围卫星遥感监测

(3)农业损失评估。通过洪涝淹没数值模拟估算，2020 年全省农业受洪涝灾害直接影响面积 121.49 万公顷，其中，水田 77.60 万公顷，旱田 23.44 万公顷，水产养殖 20.45 万公顷；成灾面积 55.02 万公顷，绝收面积 23.01 万公顷，受灾较重的地区主要位于荆州、黄冈、孝感、仙桃、咸宁、武汉、潜江等地市(图 2)。综合考虑农作物病虫害等次生灾害影响，结合抽样调查和农业、应急部门灾情统计数据，估算 2020 年主汛期以来洪涝灾害农业实际受灾面积约 157.08 万公顷，成灾 80.55 万公顷，绝收 24.23 万公顷，直接经济损失约 145 亿元。

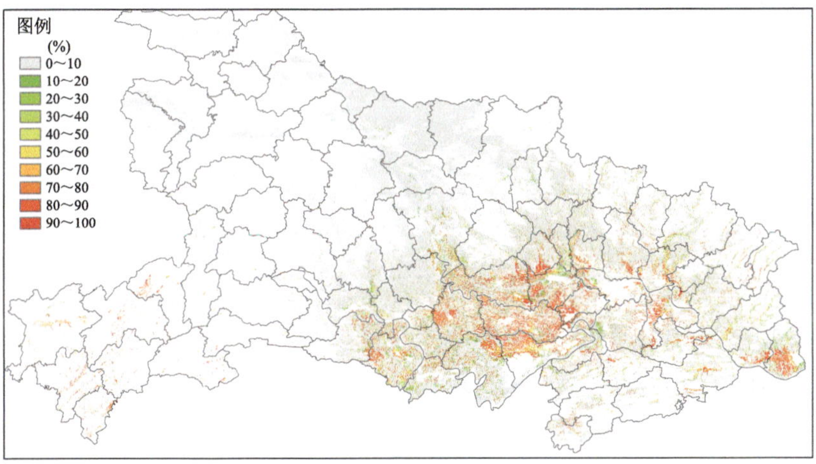

图 2 2020 年主汛期以来湖北省农作物洪涝损失减产率估算

三、评估结果分析

（一）与调查县灾情的比较

根据灾情评估结果，湖北省洪湖、仙桃、黄梅3县（市）均受到洪涝灾害影响，卫星遥感监测的典型淹没农田现场调查吻合率达100%，但对于植被茂盛和退水较快的田块，遥感监测结果存在遗漏和低估的现象，与实地调查统计数据相比，遥感监测的3县（市）农田受淹面积较实际分别偏小9.8%、16.4%、3.4%，这主要是由于卫星过境时间与灾害发生时间存在偏差以及地表植被信息过强影响遥感水体提取效果。气象灾情评估模型估算的3县（市）农业绝收面积与调查数据基本一致，但受灾面积和成灾面积估算结果较实际分别偏小11.7%～15.9%和10.6%～18.4%，这主要是由于气象灾情评估模型仅考虑洪涝灾害的直接影响，对病虫害等次生灾害影响考虑不足，据实地调查，由于梅雨期雨日多、雨量大，农田长期淹水，农作物病虫害发生较重且因天气原因不利于防治，导致全省水稻“两迁”害虫发生面积达120万公顷，其他病虫害的发生和危害程度也较常年偏重。

（二）与部门灾情上报数据的比较

综合比较气象灾情评估模型估算结果和应急与农业部门灾情上报数据，对洪涝灾害导致的农作物绝收面积估计比较接近，但对受灾和成灾面积的估计存在一定差异（表1）。其中，气象灾情评估模型估算结果由于未考虑洪涝次生灾害影响，对实际灾情存在低估，应急和农业部门灾情上报数据较为接近，但仍存在6.4%～16.2%的偏差，这是由于农作物等承灾体受洪涝灾害的影响具有一定的滞后性、隐蔽性和恢复能力，在灾情报送和核定过程中，由于时间紧、任务重，对减产10%～30%的损失鉴定存在较大的难度和误差。利用实地调查和部门上报数据修正气象灾情评估模型，综合多源数据对农业灾情的评估结果进一步缩小了不同途径评估结果之间的差异。

表1　不同数据来源和方法估算的洪涝灾害农业受灾面积（万公顷）

数据来源	应急部门灾情上报	农业部门灾情上报	气象灾情评估（洪涝直接影响）	联合调查评估（实际灾害损失）
受灾面积	148.12	138.65	121.49	157.08
成灾面积	87.32	73.17	55.02	80.55
绝收面积	24.83	22.49	23.01	24.23

（三）与典型洪涝年灾情的比较

2016年6月18日入梅后，湖北省出现6轮区域性强降水，发生1998年以来最为严重的洪涝灾害，据统计，全省农业因洪涝灾害累计受灾面积达175万公顷，绝收面积43万公顷。2020年6月8日入梅以来，湖北省再次遭受严重外洪内涝灾害，雨情和水情强度超过2016年。利用气象灾情评估模型，在假定水利设施和防洪减灾措施保持不变的情景下，对2016年和2020年气象条件造成的洪涝灾害损失进行仿真模拟显示，2020年洪涝灾害的潜在损失重于2016年，其中，农作物受灾面积是2016年的1.2倍，水产养殖受灾面积约是2016年的

2倍。根据实地调查和综合评估显示，2020年洪涝灾害农业实际受灾面积仅为2016年的90%，绝收面积为2016年的一半。经调查分析，自2016年发生严重洪涝灾害以来，各地通过水利补短板工程建设和种养殖产业结构调整，有效提高了对洪涝灾害的防御和承受能力，一定程度减轻了灾害损失，此外，2020年汛前大部地区降水偏少，江河湖库处于较低水位，加之气象预报预警及时，为汛前预留防洪库容和汛期抗洪排涝调度提供了准确的决策依据，灾害发生后，各部门及时开展抗灾救灾技术服务指导，有效减轻了洪涝灾害的影响。

（四）分析结论

洪涝灾害的发生具有随机、迅猛、破坏性强等特点，对防灾救灾工作提出了较高要求。卫星遥感技术可以在第一时间提供洪水淹没范围监测，结合气象、水情监测和仿真模拟，快速对灾情进行预估，及时为抗灾救灾提供决策依据。但遥感和气象灾情评估模型存在监测盲区及对次生灾害考虑不足等问题，评估结果存在一定偏差，与实地调查和灾情统计相结合，综合利用多源数据、多种手段是提高灾害损失评估准确性的重要途径。

气象对忻州市鲜果产业的影响及措施建议

李燕　李欣　栗永忠　史海萍　李斌　宫燕

（山西省忻州市气象局　2021年12月28日）

摘要：山西忻州市经济林果（分干、鲜果）产业已成为经济发展的重要组成部分，但随着全球气候变暖，气象灾害频发，鲜果产业表现出产量不稳定、品质不佳等特点，严重影响了质量兴农、乡村振兴。报告利用2014—2020年忻州市经济林果的种植面积、产量数据，以及2010—2021年忻州市逐日最低气温、平均气温、降水量、日照时数等数据，分析了忻州市经济林果的分布、产量特征以及鲜果产业（杏、梨）物候期的气候特征，通过宏、微观观测试验、品质测定等方法探讨了霜冻灾害对鲜果产量、品质影响的特征变化，并对霜冻灾害影响及防御措施评估提出了针对性建议。本报告对于合理利用忻州市气候资源，科学采取防灾减灾措施，进一步促进忻州市经济发展，提升生态和社会效益具有重要意义。

一、忻州市经济林果概况

经济林果在山西忻州市社会经济发展中效益明显，但近年来随着气候变化，该产业发展不均衡，种植结构也随之不断调整。干果种植作物物候期偏晚，遭受霜冻灾害概率小，而梨、杏等鲜果产业受霜冻灾害影响概率大，产量不稳定。

（一）忻州市经济林果分布

忻州市果园主要分布在忻州西部偏西县域及东部，产量较大区域主要分布在中东部及西部（图1），其中，保德、原平2014—2020年果园年均面积大于1万公顷，分别为1.65万公顷和1.21万公顷；原平、保德、代县果园年均产量大于1万吨，分别为3.94万吨、2.58万吨

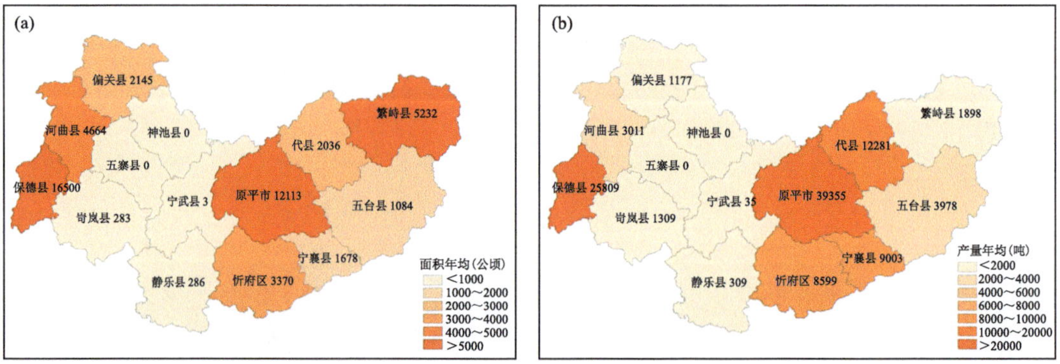

图1　忻州市经济林果果园年均面积（a）及年均产量（b）

和 1.23 万吨。忻州市经济林果品种繁杂，鲜果主要以梨、杏、苹果为主，干果以红枣为主。原平和保德种植面积及产量占比较大，原平以梨、苹果为主，保德以红枣为主。杏是忻州市第二大鲜果，主要种植地位于繁峙。

(二)忻州市经济林果种植面积和产量变化特征

据忻州市统计年鉴资料显示，2014—2019 年果园面积在 1.51 万～1.88 万公顷，产量在 8.36 万～12.53 万吨。2020 年果园种植面积 21.6 万公顷，挂果面积 16.35 万公顷，产量 6.09 万吨，面积急剧增大，但产量下降趋势显著。与经济林果总体变化趋势一致，2014—2019 年，梨树、杏树种植面积均变化不大，梨产量呈现下降趋势(图 2a)；杏产量呈现先增产后减产的趋势(图 2b)，但 2020 年其种植面积均急剧增大，产量为近年来最低，与 2014—2019 年平均产量相比梨和杏分别减少 57%和 75%，单产分别为 0.38 吨/公顷和 0.05 吨/公顷，与 2019 年(12.6 吨/公顷)相比分别减少 97%和 98.3%。

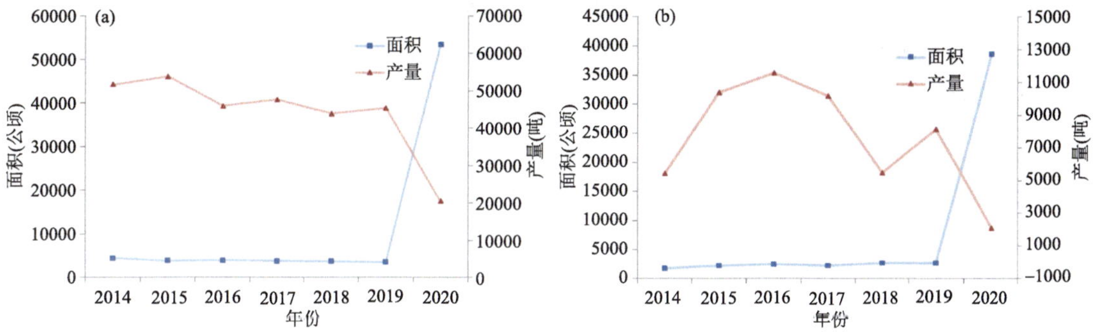

图 2　2014—2020 年梨树(a)和杏树(b)果园种植面积及产量逐年变化

二、气象条件对忻州市梨和杏的影响

(一)梨、杏物候期气候特征

梨树物候期为 3 月中旬至 9 月中旬，杏树为 3 月中旬至 7 月上旬。3 月中旬开始萌芽，4 月中旬至下旬为开花期，5 月初到 8 月上旬为幼果期，之后果实开始膨大，9 月上旬开始着色，至中下旬逐渐成熟。物候期内年平均气温 17.3 ℃，年均累计降水量 401.6 毫米，累计日照时数 1466.8 小时。杏树 3 月中旬为萌芽期，4 月上旬至中旬为开花期，幼果期从 4 月下旬开始，果实 6 月中旬开始膨大，下旬开始着色，至 7 月上旬杏完全成熟。物候期内年平均气温 15.4 ℃，年均累计降水量 157.2 毫米，累计日照时数 975.4 小时。

鲜果关键物候期分萌芽期—开花期、幼果—果实膨大期、着色—成熟期。萌芽期是果树由休眠转向生长的标志，开花期是决定果树产量的关键时期，光、温、水直接影响花芽的数量、质量及坐果率。幼果—果实膨大期是营养吸收、细胞分裂膨大期，也是营养生长向生殖生长转换的关键时期。着色—成熟期属于糖分积累、产量形成的重要阶段，也是需水关键期。分析各关键物候期的气象条件，尤其近年来最低气温变化，花果期霜冻灾害是 2020 年产量发生转折的主要原因，也是鲜果产业产量、品质不稳定的重要影响因素。

（二）霜冻灾害影响评估

霜冻是在植物生长季内，受到辐射冷却或冷空气入侵等多种因素影响，使植物表面及近地层温度和土壤温度急剧下降至0 ℃及以下，植物细胞结冰破坏植物原生质，从而导致植物受到伤害甚至死亡的一种短时低温灾害。霜冻灾害发生条件为：一是植物处于生长季；二是温度骤然下降至0 ℃及以下（不同植物不同物候期临界值不同）；三是降至植物遭受霜冻害的温度后持续一定时间。研究结果显示，霜冻灾害对忻州市鲜果产业影响最为严重。

（1）霜冻灾害特征

1）近年来开花期最低气温变化

2010—2021年，忻州梨树花期为4月中下旬，梨树主要种植区开花期的逐日最低气温有5年（8次）低于0 ℃。杏树花期在4月上中旬，杏树主要种植区开花期的逐日最低气温基本处于0 ℃以下，其中，2010年最低气温降至−4.2 ℃，持续4天低于0 ℃，2013年降至−5.2 ℃，持续3天。随着气候变化，杏树、梨树的物候期不断提前，但主要种植区最低气温低于0 ℃终日近年来不断推迟（图3）。开花期最低气温降温幅度大、持续时间长、发生频率高，导致鲜果产业遭受霜冻灾害的风险不断增大。

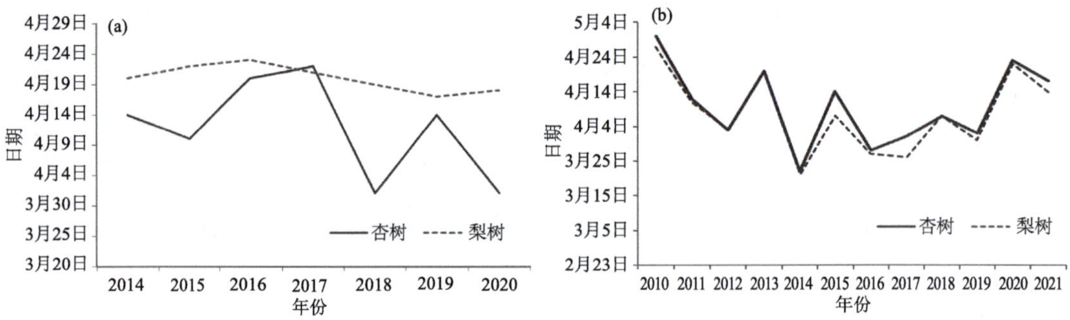

图3 杏树、梨树开花始期（a）及主要种植区≤0 ℃终日（b）

2）不同防御措施、不同区域气温变化

2021年，杏树主要种植区根据不同地形地势条件采取了不同防御措施，包括简易棚、标准化棚（分白色塑料棚膜和黑色防晒棚膜）。如图4所示，种植区不同地形、地势条件造成与国家基本（一般）气象观测站（以下简称国家站）之间昼夜温差较大，种植区夜间降温幅度大、气温明显较国家站偏低，白天升温快、温度较高。标准化棚夜间保温效果明显好于简易棚（温差1.7 ℃），标准化棚中白色棚膜的夜间保温效果要优于黑色棚膜的大棚（温差约0.5 ℃）。但简易棚白天温度迅速升高，可由0.1 ℃（07时）迅速升温至32.7 ℃（13时），明显高于花期临界阈值，造成高温灾害，导致作物无法授粉。

（2）霜冻灾害对经济林果的影响试验

1）宏、微观观测试验

4月13—17日，在繁峙、原平种植区选择样本树开展定枝业务观测，对灾害发生前、后的果树花宏观形态进行记录。由宏观观测试验可知，繁峙杏种植区4月13—14日、17日出现

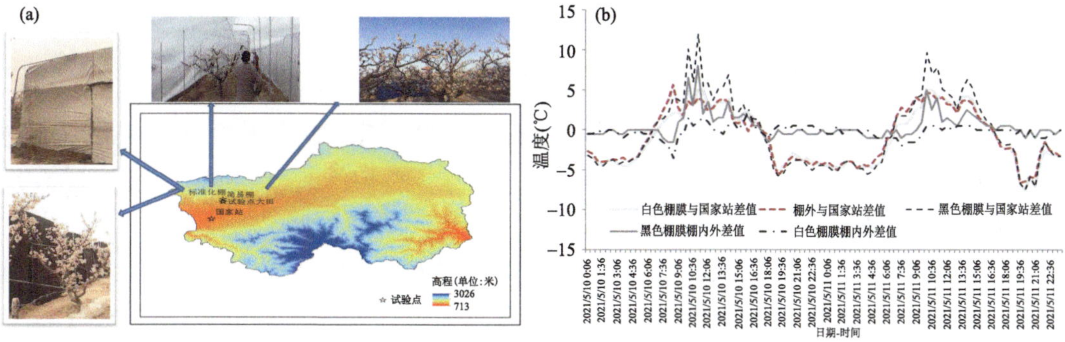

图 4 不同区域、不同棚型和不同防御措施(a)及其气温变化对比(b)

连续低温,最低气温降至−3.5 ℃,原平梨树种植区最低气温降至−2.2 ℃,杏树种植区较梨树种植区低 1.3 ℃,且持续时间长,梨树种植区−2.2 ℃持续时间短,杏花遭受霜冻的影响要明显大于梨花,杏花表现出花瓣萎蔫、变色等症状,而梨花表现为部分花瓣闭合,花蕊略变色。

经微观试验观测得知,−1 ℃条件下,子房、花蕊、柱头均未受冻害,至−2 ℃时,子房有少许冰晶,且出现水样;−3 ℃时,花柱、子房壁变色,子房周围布满冰晶,且出现脓水。

2)品质测定试验

2021 年,忻州杏主产区繁峙遭受霜冻灾害,产量和品质均受到较大影响,不适宜进行品质测定。选取原平子干乡和同川镇的玉露香梨、酥梨、皇冠梨 3 个品种进行测定。

从外形品质和营养品质上综合来看,玉露香梨均优于酥梨,酥梨要优于皇冠(图 5)。玉露香梨外形上体积大且重、果形指数符合优质果品标准,酸甜适中、硬度小,口感清脆;酥梨整体偏小、果形指数适中,甜度大、酸度小、硬度大,口感偏甜偏硬;皇冠甜度低、酸度和硬度大,口感清淡。从子干乡、同川镇两个种植区看,子干乡各品种糖度均高于同川镇,硬度低于同川镇;外形品质表现相反,同川镇要优于子干乡。

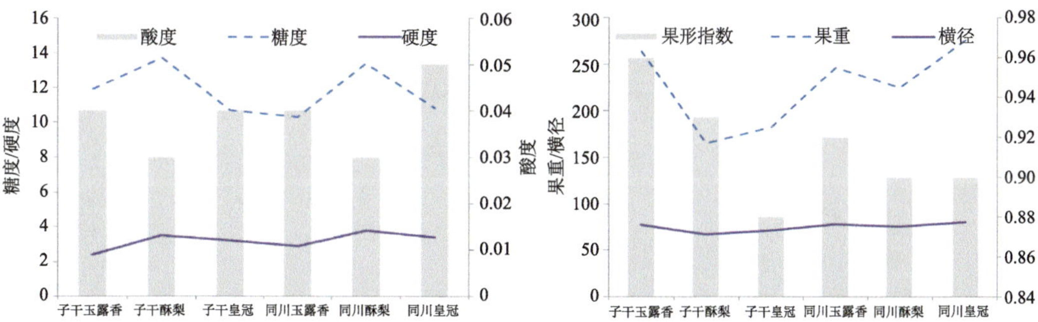

图 5 原平不同区域不同品种梨品质(酸度、糖度、硬度、果形指数、果重、横径)

三、对策建议

霜冻灾害影响经济林果生长发育既受气象条件影响，也与树势、生产管理等因素有关，需通过灾前、灾中、灾后采取一系列的措施，实现政府主导、部门联动、社会参与，达到防灾减灾的目的。

（一）部门联合，提高灾前防范能力

农林业部门、气象部门、种植户可联合进行霜冻灾害风险等级划分，分成轻度、中度、重度不同等级，再按照不同等级确定需采取的防御措施。建立经济林果物候期预测模型，根据实时物候期、预测的花期、未来气象预报，综合研判是否需要采取延迟开花等措施。物候期提前趋势明显的区域，可采取遮阳网、地面覆盖物等方式改变气温、积温等小气候环境，延迟花期1～2周，避免或减轻霜冻灾害影响；霜冻灾害影响较重的区域，建议增加简单的设施（以半遮蔽黑棚为宜），但搭建简单设施容易造成花朵授粉困难，需同时做好人工辅助授粉工作；频繁出现霜冻灾害的种植区，田间操作以延迟疏花或直接定果为宜。

（二）采取积极措施，提升灾中防御能力

霜冻灾害来临时，精细化的管理可有效避免霜冻灾害影响。发生霜冻前喷施防冻液、发生霜冻时喷水，可提高树势、花果上析出冰晶释放热量，减轻影响。熏烟等方式也可改变局地小气候环境，适合连片、统一、大面积开展，但只是一定程度上有效，一旦温度下降至界限温度并持续时间较长，效果将不明显，因此应结合预报科学开展，避免资源浪费。

（三）采取补救措施，减轻灾后霜冻灾害影响

灾后需不断提高果园精细化管理水平，减轻影响。花果期遭受霜冻灾害影响，人工辅助授粉、适时夏剪是必要工作。树体也需通过加强肥水管理、中耕除草、病虫防治、合理修剪等及时补充亏损的养分，提高果树酶活性、增强树势，促进果实生长。

农业保险是对农业生产者的一种有效保护，政府一方面应加大农业保险的宣传力度，另一方面应加大对农业保险的补贴强度；种植户需提高对农业保险政策的认识，清楚农业保险的赔付情况，自觉自愿地投农业保险，减轻霜冻灾害带来的经济损失。

低温大风天气对枸杞生产的影响与对策

吴保国[1] 苏占胜[1] 姜琳琳[2] 王静梅[2] 刘静[2] 李福生[2]

（1.宁夏回族自治区气象服务中心；2.宁夏回族自治区气象科学研究所 2021年6月2日）

摘要：2021年3—5月宁夏枸杞产区出现了8级以上大风1～13天，大部地区远超2020年和近5年同期。5月灌区北部、同心东部出现了7～8天大风天气，为近5年来最多的一年。各地5月平均最低气温比2020年同期偏低0.5～1.5 ℃，大部地区是近5年同期的最低或次低年。枸杞生长前期≥10 ℃积温明显不足，降水量明显偏多，5月降水量偏少。目前，各地枸杞大多处于开花、坐果和膨大的关键时期，受大风天气多、气温偏低、积温偏少的共同影响，枸杞出现分生果枝减少、落花落果、开花及坐果减少的“空膛”现象，预计成熟期有所推迟，夏果的结果量可能不足，对产量有一定的不利影响。预计6月全区气温偏高1.0 ℃左右，石嘴山市、南部山区降水量偏多10%，其他地区偏少10%，对加快枸杞成熟有利。6月上旬仍有大风沙尘天气，中下旬出现持续低温阴雨寡照天气的可能性不大，建议做好头茬枸杞的采摘准备，加强水肥管理，避免在大风天灌溉引起树体倒伏。大风天气频繁为害虫的迁入和危害提供了条件，注意做好近期病虫害的监测防治工作。

一、枸杞夏果采收前期气象条件分析

2021年宁夏枸杞萌芽以来，大风降温天气频繁，3—5月，各地出现了1～13天8级以上的大风天气，除同心、海原、兴仁略少于2020年同期外，其他大部地区大风日数远超2020年同期和近5年同期（图1）。

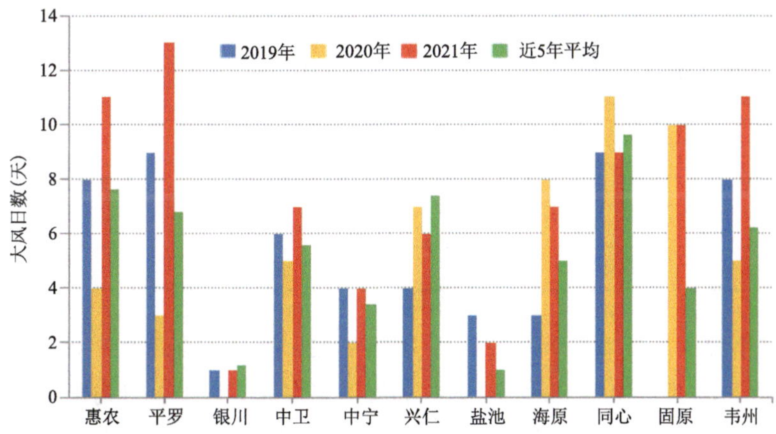

图1 各枸杞产区3—5月大风日数（瞬时风速≥17.2米/秒）

5 月正值枸杞夏果形成、老眼枝和春梢开花期，频繁出现的大风天气往往会造成枝叶频繁相互碰撞而引起落花落果，影响坐果率。据统计，惠农、平罗和韦州超过 8 级的大风日数达 7～8 天，较 2020 年同期偏多 4～6 天，较近 5 年同期均值偏多 2.8～4.6 天(图 2)。

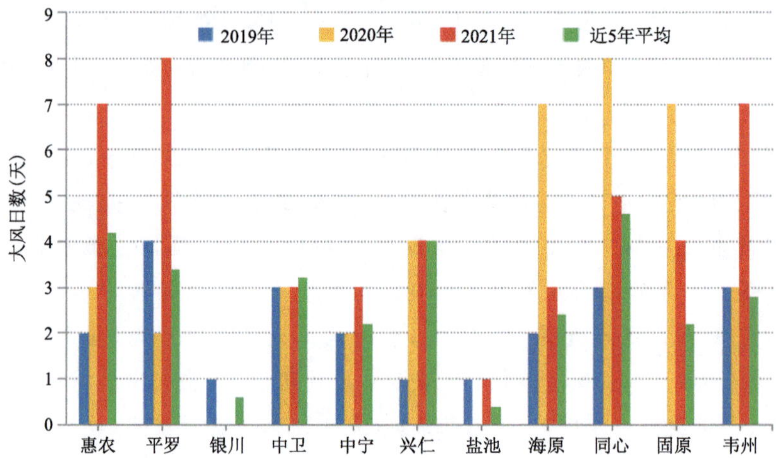

图 2　各枸杞产区 5 月大风日数(瞬时风速≥17.2 米/秒)

伴随着持续大风天气，各地气温普遍较低。5 月 1—30 日的日平均最低气温为 8.3～11.8 ℃，比 2020 年同期偏低 0.5～1.5 ℃；与近 5 年同期相比，除同心、海原、固原持平或偏高外，其他地区偏低 0.2～1.3 ℃。大部地区是近 5 年同期的最低或次低年(表 1)。

表 1　各枸杞产区 5 月 1—30 日的日平均最低气温(℃)

台站名	2016 年	2017 年	2018 年	2019 年	2020 年	2021 年	近 5 年低温排序
惠农	11.1	11.8	12.2	10.8	12.0	10.5	1
平罗	9.5	10.1	10.4	9.5	10.3	9.2	1
银川	10.7	12.0	12.2	10.9	11.4	10.2	1
中卫	9.8	10.5	11.2	10.4	10.6	9.9	2
中宁	11.2	12.4	12.7	11.2	12.4	11.8	2
兴仁	7.7	8.9	9.0	8.2	9.0	8.3	3
盐池	8.2	9.5	10.3	8.6	9.6	8.5	2
同心	6.8	8.9	8.7	8.0	10.0	9.5	5
韦州	10.0	11.0	11.6	10.9	11.8	11.0	3
海原	6.7	7.8	8.2	7.2	9.2	8.7	5
固原	9.9	11.2	11.2	10.4	11.7	10.5	3

5 月，全区出现 3 次较强冷空气过程(5 月 2—3 日、13—14 日和 20—22 日)，大部地区降温 4 ℃以上，其中，5 月中旬中卫、中宁、兴仁和海原降温 8 ℃以上。月内降温过程多、气温波动大，导致各地累积积温偏少。据统计，各地枸杞萌芽至 5 月 30 日≥10 ℃积温为451.1～788.6 ℃·天，与 2020 年相比，固原、平罗、中卫、银川、惠农偏多 50.8～141.1 ℃·天，其他

地区偏少 81.4～331.9 ℃·天；与近 5 年同期相比，除海原、固原略偏多外，其他地区偏少达 115.2～295.8 ℃·天(图 3)。各地枸杞萌芽以来累积降水量为 56.1～105.8 毫米，较 2020 年、近 5 年同期分别偏多 39.5～90 毫米和 9.5～61.2 毫米。5 月各地降水量仅 1.6～41.9 毫米，与 2020 年同期相比，惠农偏多 9.7 毫米，其他地区偏少 0.1～25.5 毫米；与近 5 年同期相比，中宁偏多 11.7 毫米，平罗、银川、韦州持平，其他地区偏少 2.5～25.9 毫米(图 4)。

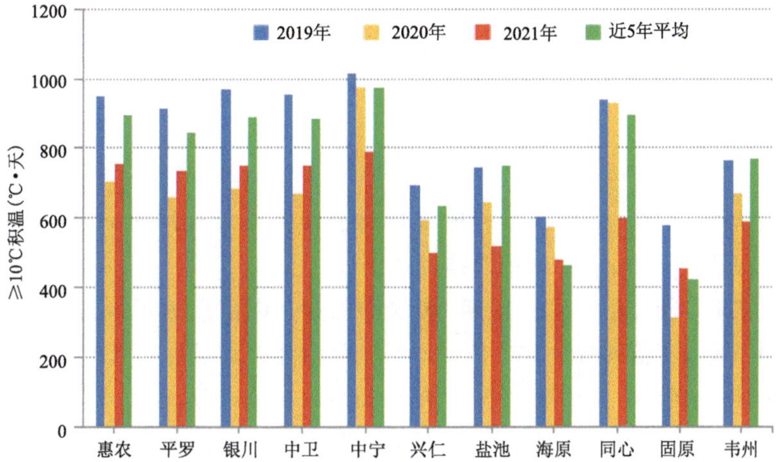

图 3　各地枸杞产区≥10 ℃积温

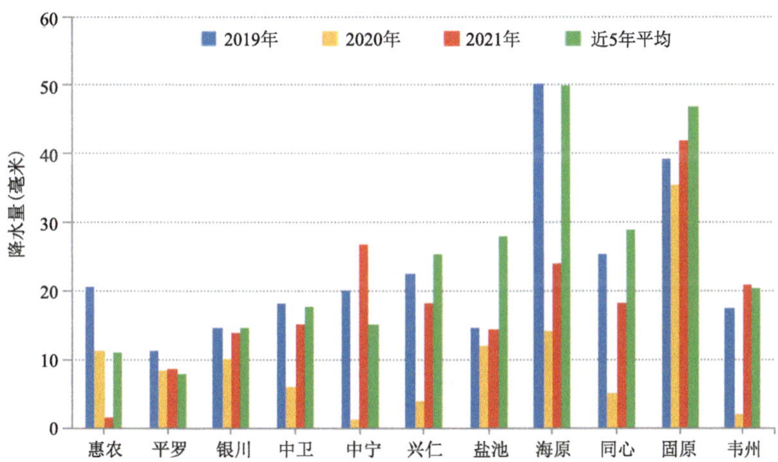

图 4　各地枸杞 5 月 1—30 日累积降水量

二、前期气象条件对枸杞的影响

目前，中宁、中卫、红寺堡、惠农、银川等地的枸杞处于老眼枝及春梢果实形成期；兴仁、固原、海原枸杞处于老眼枝开花期和春梢现蕾期；同心处于老眼枝果实形成期、春梢开花始期。

在大风天气多、气温偏低、积温偏少的共同作用下，各地枸杞生长发育缓慢，出现分生果枝数目减少，果枝生长慢，开花及坐果减少的“空膛”现象，对形成丰产的树形结构不利。各地的枸杞成熟期有所推迟，夏果的结果量可能不足，对产量有一定的不利影响。

三、6 月气候预测

据宁夏气候中心预测，预计 6 月石嘴山市、南部山区降水量偏多 10%，其他地区偏少 10%。其中，引黄灌区降水量 20～30 毫米，中部干旱带 32～46 毫米，南部山区 65～99 毫米。6 月主要有 2 次降水过程，分别出现在 14～16 日、25～27 日。全区气温偏高 1.0 ℃左右，其中，引黄灌区平均气温 22～24 ℃，中部干旱带 20～22 ℃，南部山区 16～19 ℃。

四、对策建议

(1)各枸杞基地、企业、合作社及种植大户要密切关注天气预报，应尽量避免在刮风前 1～2 天或刮风过程中灌溉，以免出现树体倒伏。

(2)6 月是老眼枝果、夏果生长盛期，需水需肥多。因前期大风降温天气多，枸杞树势弱，为促进分生果枝、花蕾的分化和生长，增加结实量，建议加强水肥管理，及时中耕除草，促进根系对土壤养分的吸收，减少杂草争水争肥，促老眼枝果成熟、春梢开花结实。

(3)近期大风天气频繁，为外地害虫的迁入和危害提供了条件。各枸杞产区应注意做好近期病虫害的监测防治工作，重点抓好木虱、蚜虫、红瘿蚊、卷稍蛾、枸杞实蝇、枸杞负泥虫等病虫害的预防工作。

(4)6 月气温偏高对加快枸杞发育进程有利，中下旬预计有 2 场降水天气过程，但夏果期出现类似于 2019 年 6 月 19～27 日持续低温阴雨寡照天气的可能性不大。预计中宁的枸杞在 6 月上旬末至中旬初逐渐成熟，其他地区大多在 6 月中旬成熟，海原、兴仁、固原等地在 6 月下旬成熟，各地要做好头茬果的采摘准备工作。

第五篇

防灾减灾体系建设及其他

21世纪以来我国主要城市群强降水过程增多，极端暴雨事件可能性将加大，城市洪涝灾害风险将加剧

王莉萍　王维国　张立生

（国家气象中心　2021年8月4日）

摘要：发生在中原城市群的河南“7.20”特大暴雨造成重大人员伤亡，也引起了广大公众对城市群强降水及其风险的关注。2000年以来，随着气候变暖和城市化进程推进，我国主要城市群降水过程特征发生了变化，京津冀、长三角、珠三角、成渝、长江中游、中原、关中平原等七大城市群降水过程发生的频次较前20年增加了7.7%；强降水过程增多，以平均0.7次/年的速度递增，极端降水过程发生频次增多了9.8%；短时强降水分布点多面广，南方和北方城市群小时降水量极值均可超过100毫米。

从城市灾害风险方面分析，未来极端暴雨事件发生的可能性增大、短时强降水将不断突破历史极值、强降水过程增多且集中，将进一步增大城市群的致灾风险。为此建议提升城市群自然灾害防御能力，一是在城市群建设规划时开展气候可行性论证，根据当地气象灾害风险承载力进行设计规划；二是通过增加绿化带面积、改善城市排水设施等方式，增加地表吸水能力和排涝能力；三是结合当地气候特征和地形进一步改建调蓄水工程，科学利用水资源；四是建立完善应对极端天气气候事件的应急联动机制。

一、21世纪以来我国主要城市群降水过程增多、增强

2018年11月，中共中央、国务院印发《中共中央 国务院关于建立更加有效的区域协调发展新机制的意见》，提出以中心城市引领京津冀、长三角、粤港澳、成渝、长江中游、中原、关中平原等城市群发展。国家气象中心有关专家通过对比分析七大城市群近20年与之前降水过程频次、强度等特征，发现21世纪以来，我国主要城市群降水过程呈增多增强趋势。

（一）降水过程发生频次增多，总体呈上升趋势，强降水过程趋于集中

研究表明，七大城市群降水过程次数均较前20年（1980—1999年）增多（图1），七个城市群平均增多幅度达7.7%，其中，中原城市群增多幅度最大，达14.8%；2000年以来，七个城市群出现降水过程次数分别为：京津冀城市群503次、长三角城市群917次、珠三角城市群972次、成渝城市群1142次、长江中游城市群930次、中原城市群565次、关中平原城市群559次。

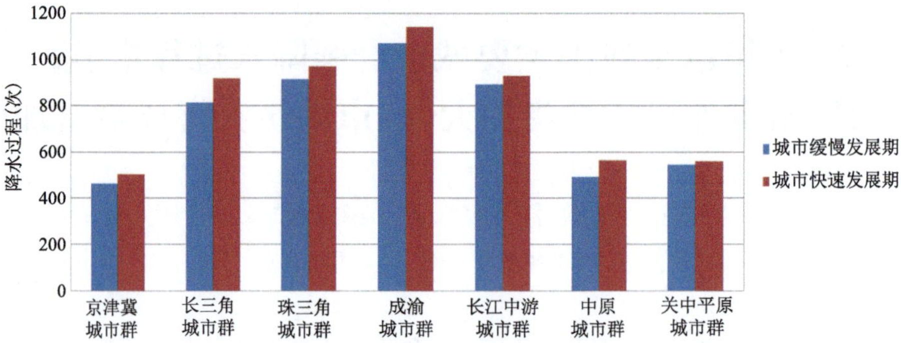

图1 城市缓慢发展期(1980—1999年)和快速发展期(2000—2019年)主要城市群降水过程次数统计

(二)降水强度增强，极端降水事件增多

降水过程强度按照从强到弱可分为极端、特强、强、较强、中等五个等级。相较于城市化发展缓慢期(1980—1999年)，城市化快速发展期(2000—2019年)强等级以上降水过程次数具有明显波动增长趋势，平均以0.7次/年的速度递增，特别是中原城市群，特强降水过程增多幅度在城市化快速发展期为缓慢发展期的3倍多。七大城市群极端降水过程发生频次增多了9.8%，极端降水事件发生的可能性增大，例如2008年上海"8.25"、2012年北京"7.21"、2017年广州"5.7"、2021年郑州"7.20"等特大暴雨(表1)，均达到极端事件标准。

表1 近年来大城市特大暴雨过程雨情统计

城市	时间	过程最大降雨量	日最大降雨量	小时最大降雨量
郑州	2021年"7.20"	新密993.1毫米	郑州663.9毫米	郑州201.9毫米
广州	2017年"5.7"	黄埔505毫米	黄埔505毫米	增城184.4毫米
北京	2012年"7.21"	房山541毫米	房山541毫米	平谷100.3毫米
上海	2008年"8.25"	徐家汇151毫米	徐家汇151毫米	徐家汇117.5毫米

(三)短时强降水分布点多面广，城市群小时降雨极值纪录不断刷新

从历史统计来看，我国中东部大部地区均监测到50毫米/小时以上的短时强降水，80毫米/小时以上的短时强降水主要有两个高值区，一个是京津冀至长江中下游沿江以北地区、另一个是南部沿海地区，七大城市群短时强降水的极值均可超过100毫米。七大城市群发生大于80毫米的短时强降水的次数为1～3次，珠三角城市群部分地区可达5～8次。

近年来城市短时强降水记录不断刷新，2021年7月20日郑州气象观测站小时降雨量(201.9毫米)突破中国大陆小时降雨量历史极值；2021年5月10日武汉小时降雨量(99.6毫米)突破有气象记录以来历史极值；2017年5月7日广州3小时雨量(382.6毫米)突破广东省3小时降雨量历史极值。

(四)成因分析

城市群强降水一般发生在合适的大气环流以及下垫面条件下。2000年以来，我国七大

城市群处于城市化快速发展期，又刚好处在全球气候变暖背景下，北方城市群所在区域为气旋型环流控制，南方城市群所在地区偏南风增强，大部分地区大气环流利于降水增多。同时，随着城市的不断扩张，城市气候态发生了变化，城市热岛、气溶胶浓度升高、下垫面剧烈变化等因素改变了城市群的动力和热力条件，使降水增多；并且城市高楼大厦林立，使城市上空形成热气流，也导致城市及下风方向的“雨岛效应”。多个因子叠加，导致强降雨事件不断增多。

二、我国主要城市群发生洪涝灾害风险将增大，影响将加重

（一）城市群暴雨洪涝灾害风险不断增大

事实证明，城市快速发展期，我国大部分城市都发生过水淹现象，北京、上海、广州、深圳、武汉、重庆、郑州、西安等城市均发生过严重的内涝。预计未来我国主要城市群极端暴雨事件发生的可能性增大、短时强降水将不断突破历史极值、强降水过程增多且集中。极端暴雨事件次数及极值不断突破记录，将导致城市内涝风险增大；强降水过程增多且集中导致城市排涝能力下降、增加洪涝风险；城市周边中小型水库特别是病险水库蓄水能力弱，一旦遭遇极端强降水，有可能导致垮坝或者启动蓄滞洪区，洪涝风险进一步增大；北方地区城市群排水及防洪排涝能力弱，应对极端强降水的能力也较弱，内涝风险较南方地区城市群更大。

（二）城市群暴雨洪涝致灾可能性大

随着城市群暴雨洪涝灾害风险不断增大，暴雨洪涝将可能对城市居民生产生活带来极为不利的影响，甚至造成极大灾害，主要表现在：

威胁群众生命财产安全。洪涝灾害将影响群众的正常生产、生活，其中，极端暴雨或极端短时强降水致灾风险高或极高，易迅速形成严重洪涝灾害和地质灾害，威胁群众生命财产安全，例如：北京“7.21”和郑州“7.20”极端暴雨事件均造成人员伤亡和城市基础设施的毁坏，损失巨大。

交通受阻和通信中断。交通是城市的生命线，城市洪涝灾害将影响群众正常出行，其中，严重洪涝灾害将导致汽车、公交、地铁、铁路、航空等交通运输的延误或设施损毁；同时也将造成通信大面积中断，并引发其他城市对铁路、航空等运输做出调整。

影响水、电、气等能源供应。水、电、气是支撑城市生活、生产和安全运输的基本保障，洪涝灾害可能影响城市水、电、天然气等能源供应，影响群众的生活，其中，严重洪涝灾害将引发全市性或区域性大面积停水、停电、停气，并可能造成系列次生灾害或引发社会动荡。

影响城市用水安全并导致疫情的滋生。城市洪水中含有大量病菌、寄生虫、工业废渣废液等有害有毒物质，与城市用水混合将引发水环境污染，造成城市用水安全问题。加之大面积的动物、植物死亡和夏季气温较高，易形成疫情，并扩散和蔓延，威胁人民生命健康。

危旧房屋和设施倒塌损毁。危旧房屋、老旧基础设施、工程在建项目、城市道路、桥梁、涵洞等由于长时间的浸泡或水压过大，可能出现倒塌、塌陷或损毁现象。

威胁中小型山塘水库安全。中小型山塘水库既是城市用水的保障，也是调蓄洪水的重要手段，但严重的洪涝灾害可能威胁水库下游群众的生命财产安全，尤其是病险水库叠加暴

雨洪涝，更有可能带来较大灾害。

造成工农业生产受损。洪涝期间，人们将重点放在抗洪和灾后重建，从而贻误了正常生产，导致运输延滞、大量产品积压变质和原材料供应不足，使生产能力下降；城市周边设施农业也同时受损，城市蔬菜、肉、禽等供应均可能受到影响，导致物价波动。

三、应对城市群灾害风险建议

未来随着城市群的快速发展，城市群建设的扩大和加速，城市群极端灾害事件发生的可能性将增大，暴雨洪涝灾害风险还将加剧，为了提升城市群应对和防范自然灾害的能力，建议：

适当提升城市群防洪标准。城市群规划和建设需考虑暴雨洪涝突发、易发、多发的特点，尤其是随着地面硬化面积的增大，将加速雨水汇集，而导致排水困难。因此，建议城市规划时开展气候可行性论证，分析极端气象灾害风险承载能力，并按照国家防洪标准，结合极端暴雨事件增多的趋势，编制防洪规划，设立防洪排涝设施，尤其是防洪工程病险隐患多的城市和无防洪保护的新兴经济开发区及新建城市，使城市群与防洪安全协调发展。

增大绿化带面积设计规划，减轻城市内涝影响。城市绿化带除了具有生态经济效益外，还具有防灾减灾功能，城市绿化带土壤具有极强的渗水能力，是城市补充地下水的重要途径，对防治城市内涝有重要作用，城市群规划建设应适当增大绿化带面积，同时增加建设渗透性能好的城市道路绿化带，使路面变成“雨水收集器”，增加城市地面雨水渗透面积，防止城市内涝的发生。

规划建设调蓄水工程，科学利用降水资源。21世纪以来虽然我国降水过程增多增强，但呈波动上升趋势，时空分布不均，阶段性干旱和集中性降水特征显著，城市群规划和建设需考虑水资源的合理调蓄，基于高新技术手段和海绵城市调蓄理念，建设全覆盖一体化的城市群雨水调蓄系统，科学利用降水资源。

建立、完善应对极端天气气候事件的应急联动机制。城市群暴雨洪涝更易突变成系列灾害事件，呈放大效应，需建立、健全应对极端天气气候事件的应急联动机制，不断完善各部门、各行业应急方案，增强公众防灾避险意识，及时采取有效管理措施，尽可能减轻极端事件对城市发展和安全的影响。

过去10年登陆我国台风强度偏强，北上台风明显偏多，需关注对粮食产量和海上安全的不利影响

李佳英　王维国　向纯怡　杨楠　杨琨　张永恒
（国家气象中心　2021年11月24日）

摘要：过去10年（2011—2020年）登陆我国的台风强度较以前明显增强，登陆我国的台风平均强度（31.3米/秒）比常年（1980—2010年）平均登陆强度（28.2米/秒）偏强3.1米/秒；新中国成立以来登陆我国最强的10个台风中近10年就占4个；登陆后北上台风增多，其中，影响东北地区的台风数达7个，2020年秋季东北地区接连遭受3个台风影响，造成黑龙江、吉林等地农作物大面积倒伏。此外，远距离台风对我国暴雨的影响需引起重视，2021年7月受台风“烟花”和副热带高压相互作用带来水汽输送的影响，河南发生“75·8”暴雨事件以来的最强降雨过程，造成重大人员伤亡和财产损失。2021年台风平均登陆强度（29.4米/秒）较近10年平均登陆强度（31.3米/秒）偏弱，但较常年同期（28.2米/秒）偏强，“烟花”为2021年登陆我国的最强台风。

鉴于近10年登陆我国台风有增强和北上台风增多的趋势，建议：一是继续加强台风灾害防御和应对能力，稳步推进气象灾害防御规划体系建设。二是筑牢北方地区，特别是粮食生产关键区的灾害防御第一道防线，确保我国粮食安全。三是加强东海、南海台风监测网络体系建设，提高海上台风的预报预警服务能力。四是加强气候变暖背景下的北上台风致灾机理和远距离台风对暴雨增强影响的研究，为提前识别、研判台风灾害风险提供依据。

一、过去10年登陆我国台风平均强度较以前明显增强，北上台风增多，海上台风灾害加重

过去10年（2011—2020年）登陆我国的台风强度较以前明显增强。统计分析，过去10年登陆我国台风平均强度为31.3米/秒，比常年（1980—2010年）平均强度（28.2米/秒）偏强3.1米/秒。在新中国成立以来登陆我国最强的10个台风中，在过去10年里就有4个（表1），近20年里有6个。

北上台风明显增多，东北地区及山东等地农业受影响较大。过去10年中，北上台风影响增多，共有10个台风影响东北地区，2020年刚刚入秋，就有3个台风（“巴威”“美莎克”和“海神”）连续影响东北地区，大风和降雨造成正值秋粮产量形成关键期的黑龙江、吉林等地农作物大面积倒伏受淹，农业损失达128亿元。

2018年山东省先后受6个台风影响，其中，登陆后北上台风“温比亚”给山东省带来罕见

的极端强降雨天气，导致内涝严重，大面积作物倒伏和蔬菜基地的设施严重损毁。2019年8月山东省再次遭受北上台风“利奇马”影响，强降雨造成全省农作物受灾面积74.8万公顷。另外，“利奇马”在浙江登陆后，一路北上先后影响中国东部9省(市)1402.4万人受灾，农作物受灾面积113.7万公顷，直接经济损失达515.3亿元。

表1 1949年以来登陆我国大陆最强台风排名及灾情信息

排名	编号及名称	登陆地点	登陆时间(年-月-日)	登陆强度	影响时间	死亡人数(含失踪)	经济损失(亿元)
1	1409 威马逊	海南文昌	2014-07-18	72米/秒(超强台风)	7月17—21日	88	446.5
2	5612 温黛	浙江象山	1956-08-01	65米/秒(超强台风)	7月31日至8月5日	超5000	无统计数据
3	7314 玛琪	海南琼海	1973-09-14	60米/秒(超强台风)	9月13—15日	903	10.0
4	0608 桑美	浙江苍南	2006-08-10	60米/秒(超强台风)	8月10—12日	483	196.6
5	1909 利奇马	浙江温岭	2019-08-10	52米/秒(超强台风)	8月8—13日	70	515.0
6	1522 彩虹	广东湛江	2015-10-04	52米/秒(超强台风)	10月3—6日	20	300.1
7	1614 莫兰蒂	福建厦门	2016-09-15	52米/秒(超强台风)	9月14—17日	38	316.4
8	9615 莎莉	广东吴川	1996-09-09	50米/秒(强台风)	9月8—10日	330	218.63
9	0515 卡努	浙江台州	2005-09-11	50米/秒(强台风)	9月10—13日	25	141.1
10	5310 妮娜	浙江乐清	1953-08-17	50米/秒(强台风)	8月15—21日	无统计数据	无统计数据

近海台风影响大，沿海渔业损失重。根据中国渔业统计年鉴，过去10年中，平均每年由台风造成的网箱(鱼排)损毁约31.5万箱，损失达数十亿元，沉船900余艘。其中，2016年受8个登陆台风影响，沿海网箱(鱼排)损毁56.8万箱，有1900多艘渔船沉没。2013年第21号台风“蝴蝶”从热带风暴级快速发展为强台风级，自东向西移动并以强台风强度横穿西沙群岛海域，西沙附近海域风力达10～14级。三沙各岛礁普遍出现大暴雨到特大暴雨，造成西沙珊瑚岛、琛航岛海域港内外沉船15艘，并导致14人遇难、48人失踪。

应进一步关注台风对我国中部地区极端暴雨的可能影响。2021年7月，河南发生继“75·8”暴雨事件以来的最强降雨过程，造成重大人员伤亡和财产损失，此次过程期间，海上台风“烟花”一直向我国沿海地区靠近，其与副热带高压以及中纬度天气系统的相互作用，是否是造成河南特大暴雨过程的主要原因，值得进一步关注和研究。

二、2021年西北太平洋和中国南海台风情况及特点

2021年，西北太平洋和中国南海台风呈现生成和登陆偏少、强度偏弱，生成集中、群发性强，影响中国南海及海南台风多等特点。

台风生成登陆数量均为近10年(2011—2020年)最少。截至11月23日，2021年在西北太平洋和中国南海共有20个台风生成，较常年(1980—2010年)平均偏少5.9个，2021年有5个台风登陆我国，较常年平均偏少2.7个，是2011年以来生成数、登陆数均最少的一年。

登陆强度较近10年平均偏弱。2021年登陆我国的台风登陆时平均强度为29.4米/秒，较近10年平均登陆强度(31.3米/秒)偏弱，但较常年同期(28.2米/秒)仍偏强。

台风生成集中，群发性强。20个台风中只有7个是以单个台风出现的，其他都以双台风或三台风的形式集中出现，其中，两次出现了三台风共舞("卢碧""银河"和"妮妲"，"狮子山""圆规"和"南川")，此类事件每年约有1.5次。台风生成时间集中在7—10月，共有16个，占全年总数的80%。

影响中国南海及海南台风多，台风降水缓解旱情。2021年有6个台风影响中国南海海域及海南岛，其中，10月就有2个台风登陆海南。受其影响，10月份海南、广东中南部、广西南部等地降水较常年同期偏多1～2倍，局地偏多3～4倍，台风降水有效缓解了华南特别是华南西部旱情，增加库塘蓄水，为秋、冬季用水打下了良好的基础。

台风"烟花"为2021年登陆并影响我国最强的台风。7月25日和26日第9号台风"烟花"在浙江省两次登陆，成为1949年以来首个在浙江省内两次登陆的台风。"烟花"登陆后北上，在陆地上滞留时间长达95小时，为1949年以来陆地滞留时间最长的台风，共影响了14个省(区、市)。由于移动缓慢，导致累计降雨量大，其中，浙江全省平均雨量达191毫米，突破浙江省登陆台风最大降雨量纪录；浙江余姚大岚镇丁家畈过程雨量达1034毫米，成为浙江省新的台风降雨极值。

2021年台风偏弱的主要原因为：夏季，副热带高压位置偏西偏北，导致台风生成源地偏西偏北。此外，南半球冷空气活动总体偏弱，导致越过赤道以北的气流减弱，南海夏季风也较常年偏弱，我国近海海域海温偏低，上述因素均不利于台风的生成和发展。

三、有关建议

虽然2021年台风活动偏少、偏弱，但却只是台风增强增多总体趋势背景下的小波动，鉴于过去10年登陆我国台风有增强和北上台风有增多的趋势，建议加强相关科学研究和灾害防御工作：

一是继续加强台风灾害防御和应对能力，稳步推进气象灾害防御体系建设。目前，各级气象部门积极发挥"发令枪"和"消息树"作用，在台风来临前，及时面向全社会发布预警预报信息，为政府提供决策服务，政府部门依据气象预报信息部署防御措施。气象部门与应急管

理、交通运输、自然资源、水利、农业农村等部门建立沟通合作机制，开展联合会商；通过各种方式将气象预报预警信息传递到“最后一公里”。未来需要继续推进气象灾害防御体系建设，最终实现气象灾害预报预警信息的全覆盖。

二是筑牢粮食生产关键区的灾害防御第一道防线，确保我国粮食安全。2011年以来，北上台风明显增多，东北、华北、黄淮等地是我国的主要粮食和蔬菜基地，夏、秋季也是粮食作物、蔬菜生长的旺季，北上台风对农作物产量形成、收获均造成了较大损失，需加强台风风雨对农作物生长关键期的影响研究，深入研究台风灾害对农业生产影响的动态风险评估，加强部门合作与数据共享，将台风防灾减灾关口前移，最大限度减轻或避免台风对粮食安全的不利影响。

三是加强东海、南海台风监测网络体系建设，提高海上台风的预报预警服务能力，为国家经济发展保驾护航。近年来，我国沿海地区“海洋牧场”不断发展壮大，重大台风带来的大风、大浪、暴雨造成沿海水产养殖设施损坏，网箱破损甚至倒排，渔业损失较重；同时，作为世界贸易大国，中国60%的对外贸易运输要经过南海，南海、东海各类海上风电、油气开采及涉岛涉海旅游项目增多，海上安全重要性益发凸显。建议针对东海、南海等海域建立高时空分辨率的雷达、卫星监测体系，进一步补充和优化沿海及海上岛礁的地面高空观测能力，提高海上台风的路径强度、大风、暴雨等的监测预报预警能力，从而为国家经济发展及国防安全、公民安全提供精准的气象预报服务信息。

四是加强全球气候变暖背景下的北上台风致灾机理和台风对暴雨增强影响的研究，为提前识别、研判台风灾害风险提供依据。全球气候变暖背景下，暖海区向北扩张，一方面强台风的比例有明显增多的趋势，另一方面台风登陆我国的位置偏向中部沿海。北上台风增多产生的具体影响，如何“间接”增强陆地上的暴雨，这些在目前的研究中还存在机理上的认识不足。因此，需要加强气候变暖背景下的北上台风致灾研究，聚焦远距离台风对暴雨增强的影响，建议加强科研项目立项，以便早期识别和防御暴雨增强的危害，更有针对性地做好台风灾害防御。

风云气象卫星监测乌兹别克斯坦萨尔多巴水库溃坝

田林 高浩 王萌 单天婵 邵佳丽 张海真 耿维成

（国家卫星气象中心 2020 年 5 月 10 日）

摘要：2020 年 5 月 1 日 06 时，乌兹别克斯坦锡尔河州萨尔多巴水库发生溃坝，导致 56 人受伤，约 7 万人被疏散。国家卫星气象中心利用风云气象卫星和高分辨率卫星对萨尔多巴水库周边的水情进行了持续监测，监测结果显示，2020 年 5 月 2 日、5 月 4 日、5 月 7 日和 5 月 20 日较溃坝前（4 月 27 日）晴空处新增水体面积分别为 320 平方千米、220 平方千米、151 平方千米和 80 平方千米，其中，5 月 7 日高分辨率卫星监测萨尔多巴水库南部水体大面积消失。6 月 15 日较溃坝前新增水体面积减少至 4 平方千米，锡尔河州水体面积已基本恢复至溃坝前水平。

一、监测背景

萨尔多巴水库位于乌兹别克斯坦国东部的锡尔河州，依锡尔河而建，于 2017 年竣工，最大蓄水量 9.2 亿立方米。锡尔河是亚洲著名的内陆河，发源于天山山脉，流经塔吉克斯坦、乌兹别克斯坦、哈萨克斯坦等国家，最终注入咸海。5 月 1 日 06 时前后，萨尔多巴水库发生溃坝，大水淹没水库周边村庄、农田。溃坝事件导致 56 人受伤，约 7 万人被疏散。

二、监测结果

萨尔多巴水库溃坝事件发生后，国家卫星气象中心迅速反应，利用风云三号 D 星监测 2020 年 5 月 2 日萨尔多巴水库周边水情（图 1）。将溃坝事件发生后的水情监测结果与溃坝前水情监测结果（图 2）进行比较，可以看出溃坝发生后，锡尔河州出现较大范围的新增水体。经估算，晴空处新增水体面积约 320 平方千米。

国家卫星气象中心针对乌兹别克斯坦水文气象服务中心进一步的监测请求，对萨尔多巴水库水情进行了连续监测。国家卫星气象中心先后于 2020 年 5 月 4 日、5 月 20 日、6 月 15 日对乌兹别克斯坦萨尔多巴水库周围泛滥水体进行了监测（图 3b、c、d），5 月 4 日较溃坝前（4 月 27 日，图 3a）晴空处新增水体面积约 220 平方千米，5 月 20 日锡尔河州仍有较大范围的新增水体，晴空处较溃坝前（4 月 27 日，图 3a）新增水体面积约 80 平方千米，较 5 月 4 日（溃坝后）减小水体面积约为 140 平方千米。6 月 15 日水情监测结果显示，较 4 月 27 日（溃坝前）新增水体面积约 4 平方千米，较 5 月 4 日（溃坝后）减小水体面积约为 207 平方千米，较 5 月 20 日（溃坝后 2 周）减小水体面积约为 68 平方千米，锡尔河州水体面积已基本恢复至溃坝前水平。

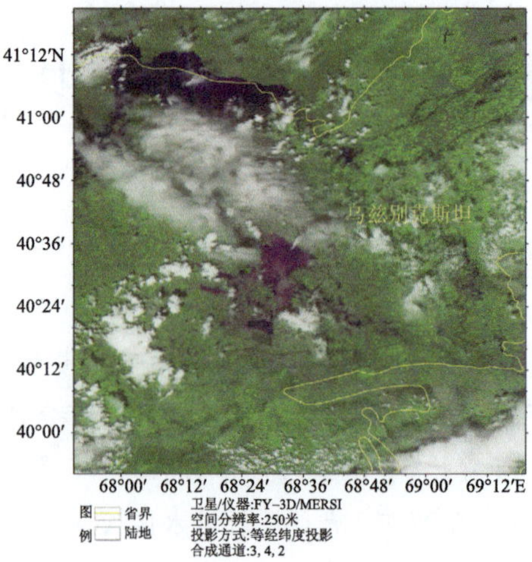

图 1　风云三号 D 星乌兹别克斯坦萨尔多巴水库水情监测多通道合成（2020 年 5 月 2 日 16 时 35 分(北京时)）

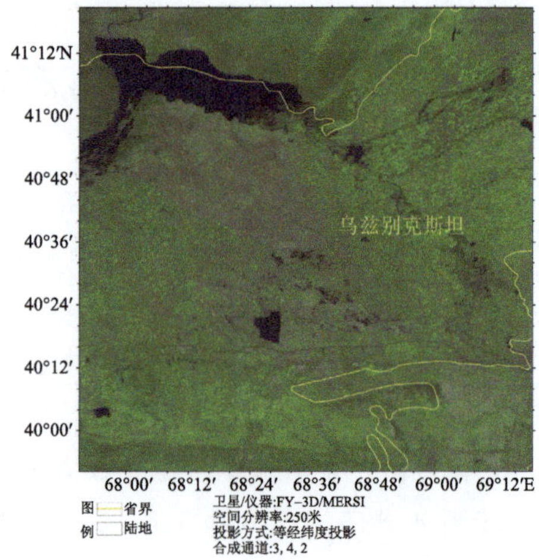

图 2　风云三号 D 星乌兹别克斯坦萨尔多巴水库水情监测多通道合成（2020 年 4 月 27 日 16 时 30 分(北京时)）

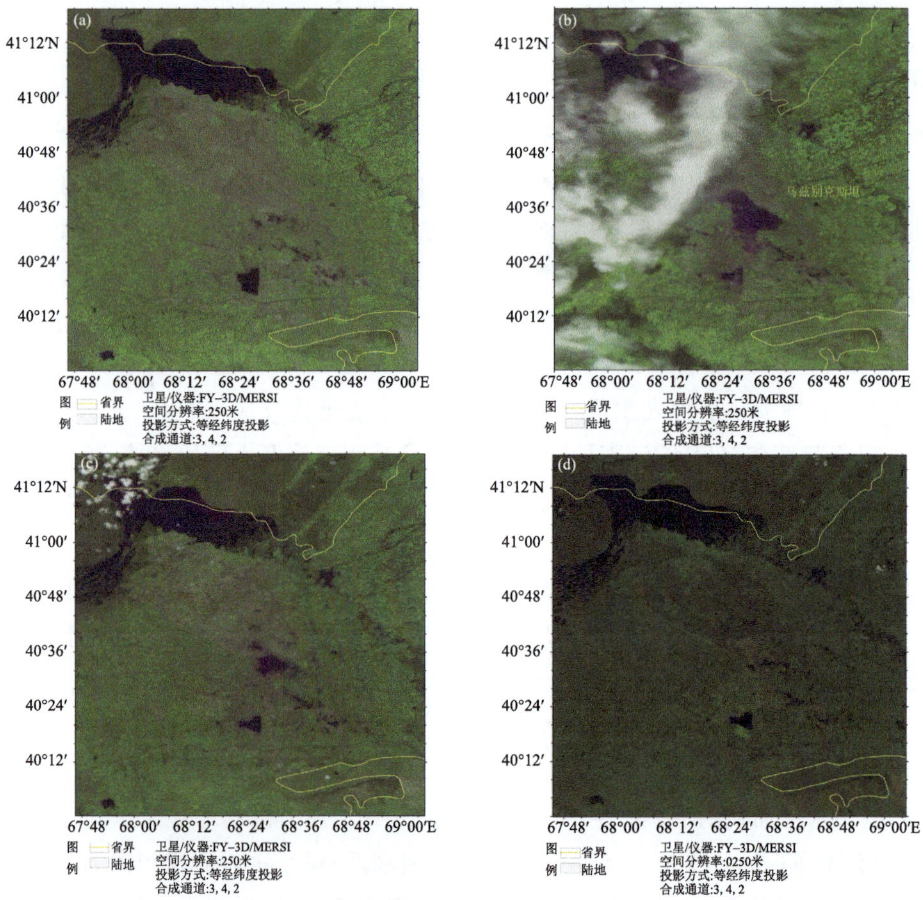

图 3　风云三号 D 星乌兹别克斯坦萨尔多巴水库水情监测多通道合成
（a. 2020 年 4 月 27 日，b. 2020 年 5 月 4 日，c. 2020 年 5 月 20 日，d. 2020 年 6 月 15 日）

国家卫星气象中心持续对乌兹别克斯坦萨尔多巴水库溃坝进行监测，利用 2020 年 5 月 7 日和 4 月 27 日的高分辨率卫星对萨尔多巴水库溃坝前后的水情进行监测对比，溃坝发生后 5 月 7 日锡尔河州仍有较大范围的新增水体。经估算，5 月 7 日晴空处较 4 月 27 日（溃坝前）新增水体面积约 151 平方千米。利用 5 月 7 日与 4 月 27 日高分辨率卫星对乌兹别克斯坦萨尔多巴水库的监测对比显示，5 月 7 日（溃坝后）较 4 月 27 日（溃坝前）萨尔多巴水库南部水体大面积消失（图 4）。

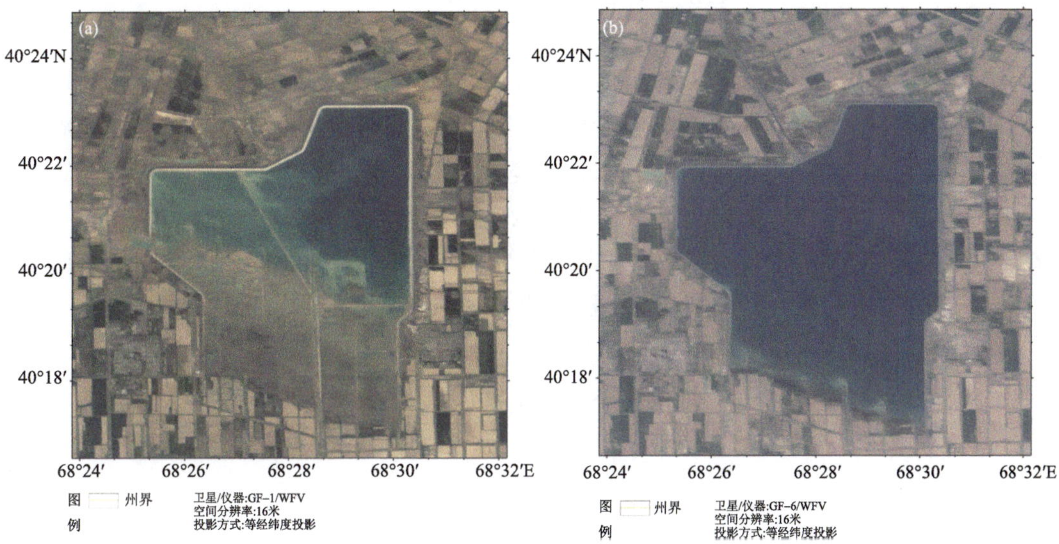

图 4　高分辨率卫星对乌兹别克斯坦萨尔多巴水库水情监测

（a. 2020 年 5 月 7 日，b. 2020 年 4 月 27 日）

三、监测服务总结

国家卫星气象中心在对乌兹别克斯坦萨尔多巴水库溃坝事件监测服务中响应迅速，相关监测服务产品和报告获得乌兹别克斯坦水文气象服务中心的感谢，并提出进一步监测的请求。根据这一请求，国家卫星气象中心持续关注，实现了对溃坝灾害发生、发展和恢复的全过程的动态定量化监测服务。本次监测服务中的服务产品和报告获得乌兹别克斯坦水文气象服务中心的好评和感谢。

甘肃省白龙江、白水江、嘉陵江流域及其周边地区暴雨灾害评估报告

方锋　刘卫平　刘新伟　韩兰英　王鑫　黄涛　黄鹏程
（兰州区域气候中心　2020 年 8 月 21 日）

摘要：对甘肃省白龙江、白水江、嘉陵江流域及周边地区 2020 年 8 月 1—20 日暴雨灾害评估结果表明：(1)三流域各站累积降雨量（除宕昌外）均为 1961 年以来同期第 1 位，白龙江、白水江、嘉陵江流域降雨量分别为历史极值的 2.3 倍、3.0 倍和 1.7 倍。(2)迭部、武都、文县单日降雨量达到极端日降水气候事件；武都、岷县、文县、礼县、康县达到连续极端降水气候事件；各流域及周边站 8 月以来降水重现期：宕昌 50 年一遇，两当 70 年一遇，武都、康县、徽县、文县均超过 100 年一遇。(3)根据国家标准《暴雨灾害等级》(GB/T 33680—2017)，白龙江流域暴雨灾害评估等级为“严重”（接近“特大”标准），白水江流域为“严重”，嘉陵江流域为“中度”。

一、流域气候概况

甘肃省白龙江、白水江、嘉陵江流域位于甘肃省东南部，是属于长江水系并拥有亚热带气候特征的地区，流域内高山、河谷、丘陵、盆地交错，气候垂直分布显著，地域差异明显。白龙江流域处于湿润和半湿润气候区，年降雨量为 571.9 毫米，由东南向西北递减；白水江流域处于半湿润气候区，年降雨量 440.4 毫米；嘉陵江流域处于湿润气候区，年降雨量 650.5 毫米。各流域 8 月历史平均降雨量，白龙江流域为 97.2 毫米，白水江流域为 78.6 毫米，嘉陵江流域为 122.2 毫米。

二、近期降水实况

（一）历史资料对比分析

2020 年 8 月 1—20 日降雨量，甘肃省河西 12.3 毫米，为近 10 年最少；河东 142.2 毫米，为近 60 年来最多；全省 48 县（区）降雨量已经超过历年 8 月平均值；45 县（区）降雨量较同期偏多 1 倍以上，为历史同期最多。白龙江、白水江、嘉陵江流域甘肃省范围内的国家气象站累积降雨量创同期新高。

8 月 3—6 日、10—12 日、14—17 日各流域连续出现 3 次暴雨天气过程，白龙江流域降雨量 232.2 毫米，较常年同期偏多 3.2 倍；白水江流域降雨量 273.7 毫米，较常年同期偏多 4.5 倍；嘉陵江流域降雨量 293.9 毫米，较常年同期偏多 3.2 倍，均为历史同期最大降雨量（图 1）。三流域各站累积降雨量（除宕昌外）均为 1961 年以来同期第一位。

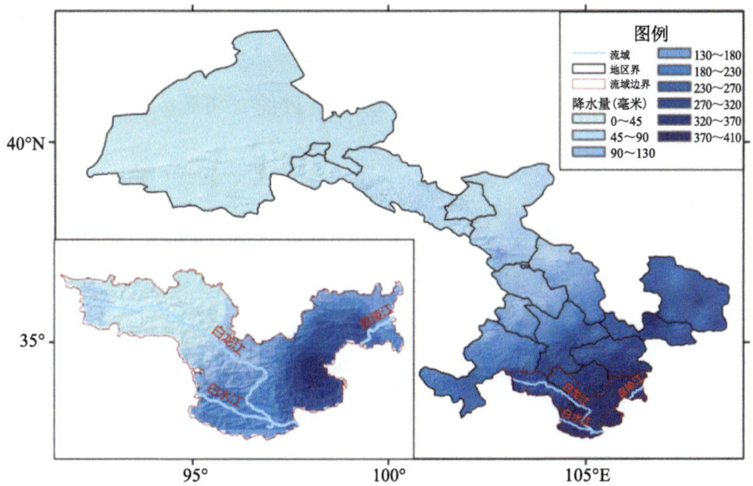

图 1　白龙江、白水江和嘉陵江流域 8 月降雨量分布

根据国家气象站历史资料统计，1961—2019 年 8 月 1—20 日各流域最大降雨量记录，白龙江流域为 100.5 毫米(2012 年)，白水江流域为 91.7 毫米(1961 年)，嘉陵江流域为 171.6 毫米(1970 年)。而各流域 2020 年 8 月 1—20 日降雨量较之前的历史最大纪录增幅极为显著，白龙江流域为 2012 年的 2.3 倍，白水江流域为 1961 年的 3.0 倍，嘉陵江流域为 1970 年的 1.7 倍(图 2)。

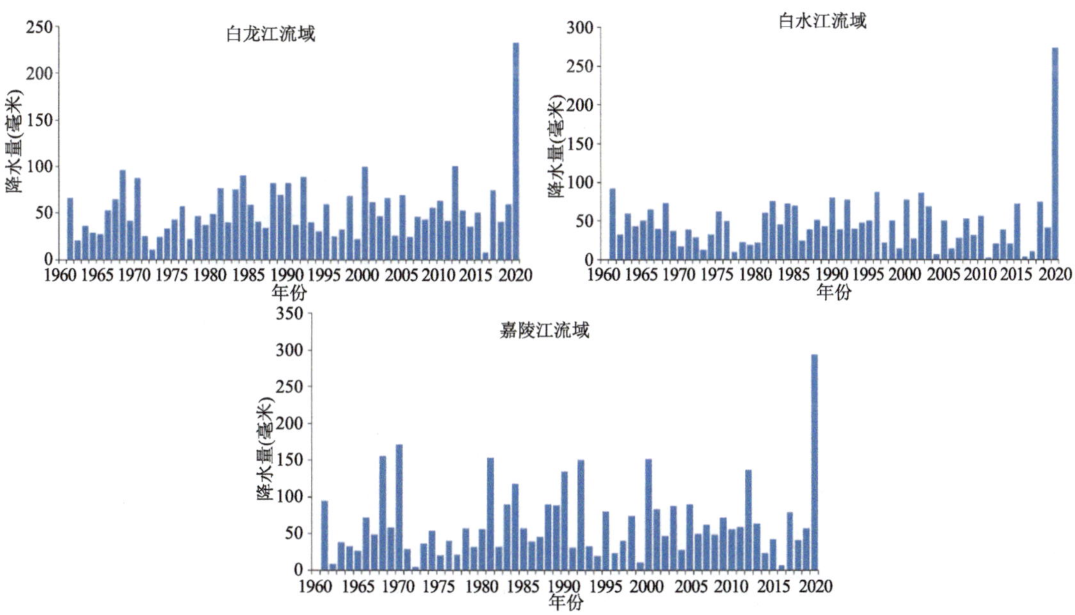

图 2　白龙江、白水江、嘉陵江流域 8 月 1—20 日历年降水量变化

(二)2020年8月降雨分布特征

根据区域气象站统计,甘肃省8月,有187站累积降雨超过250毫米,1819站累积降雨超过100毫米,共出现暴雨373站次,大暴雨17站次,最大累积降水量出现在文县碧口628.8毫米,仅8月1—20日降雨占其汛期平均降雨量的116%。如此强的降水对于深处内陆的甘肃来说非常罕见,呈现出以下两个特点:

一是降雨日数多、持续时间长。8月河东地区平均降雨日数为12.7天。白龙江流域降雨日数为12.2天,较常年同期偏多4.9天,其中,大雨日数2.2天,暴雨日数1.5天。白水江流域降雨日数14天,较常年同期偏多7天,其中,大雨日数1.0天,暴雨日数3.0天。嘉陵江流域降雨日数为13.0天,较常年同期偏多5.7天,其中,大雨日数2.7天,暴雨日数2.3天。各流域降雨日数、大雨日数和暴雨日数均居历史同期第1位(图3)。

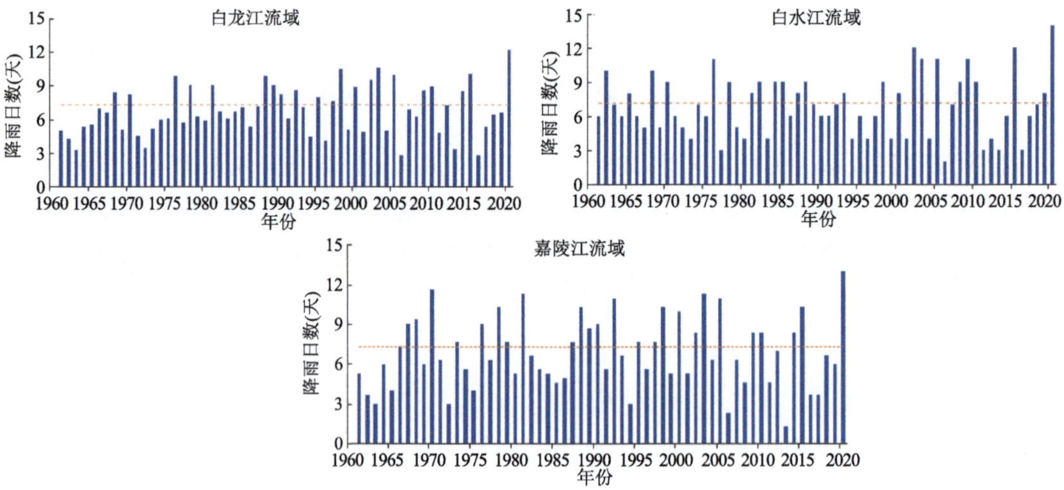

图3　白龙江、白水江、嘉陵江流域8月1—20日历年降雨日数变化

二是暴雨范围广、落区重叠。8月的3次降雨过程中,甘肃省陇东南均出现大到暴雨,尤其是10—12日、14—17日的两次过程,强降水在白龙江、白水江、嘉陵江流域重复出现,其中,838站(占河东的43%)累积降雨量超过100毫米,63站累积降雨量超过250毫米,文县的碧口及范坝均超过400毫米,暴雨影响范围广,持续时间长。

三、8月暴雨强降水评估

(一)极端降水事件评估

极端事件评估采用IPCC报告使用的百分位法,即日降水资料排序的第95%位定义为极端降水阈值。8月白龙江和白水江流域的迭部、武都、文县等3个国家级气象站单日雨量超过极端降水阈值,达到极端日降水事件标准;武都、岷县、文县、礼县、康县等5站达到极端连续性降水事件。

(二)强降水重现期评估

以 1961—2020 年 8 月 1—20 日同期降雨量数据，采用极值Ⅰ型函数计算了各流域及周边站点的降水重现期。其中，宕昌 50 年一遇，两当 70 年一遇；武都、康县、徽县、文县均达到或超过 100 年一遇。

根据水文模型预估，白龙江流域主河道及周边地区淹没深度在 1.2 米以上，白水江流域在 0.6～1.2 米，嘉陵江流域在 1.2 米以上。

(三)降水灾害等级评估

根据国家标准《暴雨灾害等级》(GB/T 33680—2017)，选取暴雨持续日数、暴雨影响范围、农作物受灾面积、直接经济损失、死亡人口等指标，划分暴雨灾害等级(表 1)，定量评估暴雨灾害对社会经济造成的影响程度。

表 1　暴雨灾害评估指标等级划分

暴雨灾害等级	轻度	中度	严重	特大
FD	FD<1.6	1.6≤FD<2.4	2.4≤FD<3.2	FD≥3.2

根据标准，对 2020 年 8 月 1—20 日强降水灾害评估指标进行分析计算(表 2)，结果表明，白龙江流域暴雨灾害等级为严重，接近特大等级，其中，暴雨影响范围和直接经济损失都达到了 4 级；白水江流域暴雨灾害等级为严重，嘉陵江暴雨灾害等级为中度。

表 2　白龙江、白水江、嘉陵江 8 月暴雨灾害评估指标等级

指标等级	白龙江	白水江	嘉陵江
暴雨持续日数指标	4	4	3
暴雨影响范围指标	4	4	4
农作物受灾面积指标	1	1	1
直接经济损失指标	4	2	2
死亡人数指标	2	2	0
暴雨灾害等级	3	2.6	2.0

全球变暖背景下新疆冰川灾害风险分析报告

毛炜峄　姚俊强　杨帆
（中国气象局乌鲁木齐沙漠气象研究所　2021年2月20日）

摘要：新疆是我国冰川分布最为丰富的省区，在气候暖湿化过程中，新疆冰川不稳定性不断增大，冰川跃动、冰崩、冰川泥石流、融冰融雪性洪水等灾害风险将加剧。建议高度重视，加强研究及监测预警，科学防御冰川灾害。

一、"暖湿化"导致新疆冰川灾害呈加重趋势

（1）新疆有各种类型冰川灾害。发生冰川灾害包括冰崩、冰川跃动、冰湖溃决洪水、冰川泥石流、冰雪洪水等。部分冰川灾害还可能引发次生灾害，形成从冰冻圈开始，影响到岩石圈、水圈、生物圈、人类圈的灾害链，延长和放大了灾害后果。各种类型的冰川灾害在新疆均不同程度发生过。

（2）新疆冰川冰储量位居全国第一。新疆帕米尔高原、喀喇昆仑山、昆仑山、天山、阿尔泰山等地区冰川十分丰富。据第二次冰川编目数据，新疆有冰川20695条，总面积2.26万平方千米，冰储量2.16万亿立方米，分别占全国的42.6%、43.7%和48.0%，冰川冰储量位居全国第一。

（3）近60年来新疆升温速率高于全国同期平均水平，气候变化以"暖湿化"特征为主。1961—2019年，新疆区域年平均气温以0.30 ℃/10年的速度上升，高于全国（每10年上升0.23 ℃）和全球（每10年上升0.13 ℃）变化水平。1961—2019年，新疆区域年降水量以10.0毫米/10年的速率显著增加；年降水量年代际递增，近30年偏多明显。

（4）"暖湿化"导致冰川不稳定，新疆冰川灾害风险加重。近50年来，暖湿化导致新疆各地冰川普遍呈退缩态势。天山乌鲁木齐河源一号冰川消融退缩加剧，2018年冰川面积较1964年减小了22.2%。喀喇昆仑山等山区的冰川冰温升高，冰川流速加快，高海拔地区冻土退化。进入21世纪以来，冰川不稳定性增大，冰川灾害更加频繁，灾害链效应使危害更加严重。

二、未来新疆冰川不稳定性加剧，需高度重视灾害风险防范

未来新疆气候继续呈"暖湿化"趋势。随着全球气温进一步上升，过去百年一遇的极端暖事件可能变成未来的年度事件。据气候预测，新疆将延续暖湿化趋势，新疆冰川跃动、冰崩，以及冰湖溃决洪水、冰川泥石流、融雪洪水等发生地点会更多，更加频繁，冰川灾害风险剧增的可能性较大。

"中巴经济走廊"以及新疆铁路网"天山环线"主骨架等大型工程建设提速，冰川灾害风

险不可忽视。“十四五”期间以及未来中长期规划中,“中巴经济走廊”建设,以及穿越天山、喀喇昆仑山等高海拔地区的大型工程建设均将提速。新疆高海拔地区的各类大型工程建设及其未来的安全运行等,都将面临冰川变化、冻土退化等灾害风险剧增带来的重大威胁。

新疆冰川灾害防御能力相对不足的矛盾将愈发凸显。不同类型冰川灾害的地理分布、发生过程和机理、灾害风险和影响程度也不尽相同。全区冰川灾害防御能力不足,主要表现在:气候变暖背景下冰川灾害发生的基本规律、危害机理以及灾害风险及其影响等诸多领域的认知水平有限,科技支撑能力不足;冰川灾害监测、预警业务化能力不高;冰川灾害防御涉及多个部门,综合协调机制有待进一步完善。

三、对策及建议

(1)充分认识新疆冰川灾害风险的严峻性。受暖湿气候变化影响,未来新疆发生冰川灾害的趋势可能进一步加剧,加之全区基层防灾减灾基础较为薄弱,可能对人民群众生命财产、基础设施和能源设施等构成一定威胁,需引起政府部门高度重视,增强忧患意识,加强应对。

(2)组织优势力量,开展新疆冰川灾害影响与风险科研攻关。新疆冰川灾害复杂多样,冰川灾害事实、成因及未来风险预估及其影响等均有待深入研究。需尽快组织开展多学科联合攻关,摸清底数,全面分析研判冰川灾害对全区自然资源、水利、交通、能源等行业的可能风险,提升区域冰川灾害防御科技水平。

(3)重视高分辨率卫星监测技术应用,提升冰川灾害的立体监测能力。加快新疆冰川灾害立体监测体系建设,提升冰川灾害监测能力;明确高危堰塞湖、跃动冰川等重点监测对象,重视风云卫星、高分辨率卫星的监测应用,形成冰川灾害持续动态监测分析业务化流程,提升冰川灾害立体监测业务能力。

(4)加强冰川灾害的预测预警预估能力建设。充分发挥现有各类冰川灾害监测和气象、水文等预报预测能力,建立和完善新疆冰川灾害的预测预警预估体系,实现紧急情况下第一时间发出预警信号;加强未来预估研判,在交通、能源管线、基础设施等重大工程建设中充分考虑潜在的冰川灾害造成的不利影响。

(5)加强多部门联动,提高新疆冰川灾害应急处置能力。完善应急管理、自然资源、水利、气象等多部门联动机制,组织编制冰川灾害风险防控预案;加强多部门信息共享和会商研判;优化冰川灾害预警信息发布机制,提高预警信息发布能力。预判冰川洪水可能导致的溃坝风险;加强专业救援力量体系建设,有针对性地提高冰川灾害应急管理和救援能力。

青海省 2019/2020 年冬春季气象灾害风险分析

海显莲　李万志　史津梅

（1. 青海省决策气象服务中心；2. 青海省气候中心　2020 年 1 月 8 日）

摘要：2019/2020 年冬春季，果洛、玉树等地发生雪灾风险高；门源、大通、格尔木、德令哈等地出现寒潮灾害风险高；东部农业区大部干旱、低温冷害灾害风险高；青海东部及祁连山地区森林火险等级高，天峻、祁连、刚察、海晏及兴海、贵南、同仁等地草原火灾风险高。建议相关部门及早部署，做好冬春季气象灾害防御工作。

一、2019/2020 年冬春季气象灾害风险分析

据省气候中心预测，2019/2020 年冬春季青海省降水较常年偏多，气温偏高。结合预测结果及各地承灾体、孕灾环境情况，对 2019/2020 年全省冬春季雪灾、干旱、低温冷害、寒潮、森林草原火险等的风险进行分析。

（一）雪灾

从冬春季雪灾风险预估图看出（图 1），玛多、甘德、久治、达日、称多、杂多的部分地区为雪灾高风险区，曲麻莱、玉树、玛多、玛沁、班玛、河南为雪灾较高风险区。

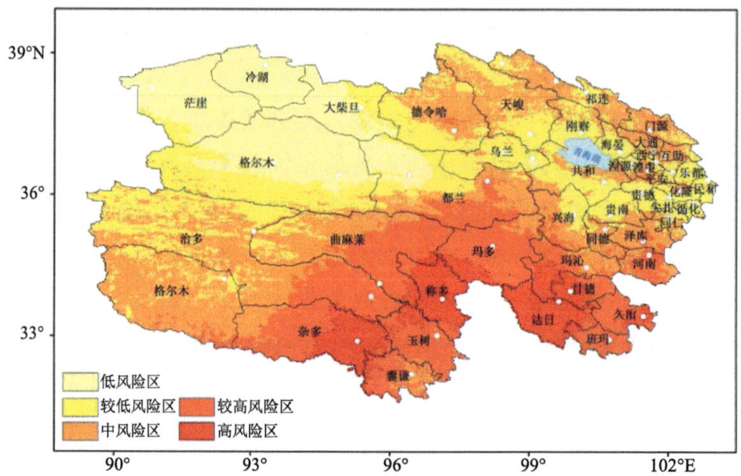

图 1　2019 年青海省冬春季雪灾风险预估

（二）寒潮

从图 2 可以看出，门源、大通、称多、茫崖、大柴旦的部分地区为寒潮高风险区，贵德、民和、天峻、德令哈、格尔木、治多、海晏、湟中、湟源部分地区为寒潮较高风险区。

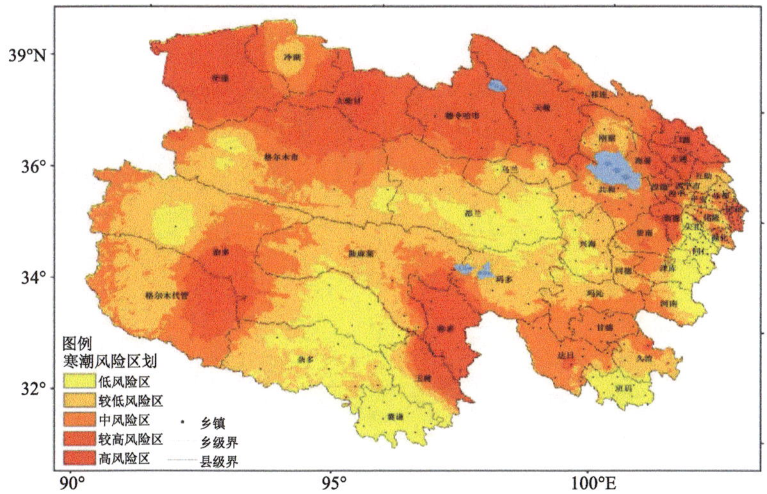

图 2　青海省冬春季寒潮灾害风险预估

(三)低温冷害

从图 3 可以看出，民和、乐都、化隆、平安、湟中、西宁及互助南部为低温冷害高风险区，门源、大通、海晏、湟源、贵德、尖扎、循化、同仁、泽库、同德、贵南、兴海、共和及刚察南部为低温冷害较高风险区。

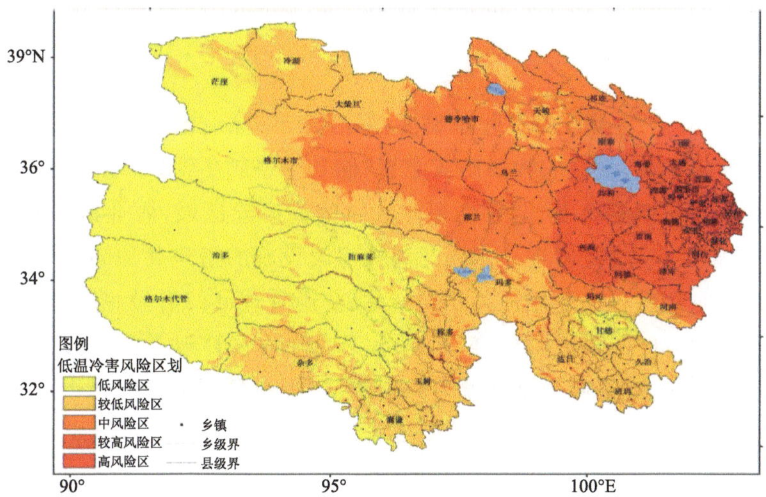

图 3　青海省冬春季低温冷害风险预估

(四)干旱

青海省干旱灾害主要出现在春季，从图 4 可以看出，西宁、湟源、湟中、平安、乐都、民和、化隆、贵南、贵德、互助、循化等地为干旱灾害高风险区，海晏、大通、尖扎、同仁、共和等地为较高风险区。

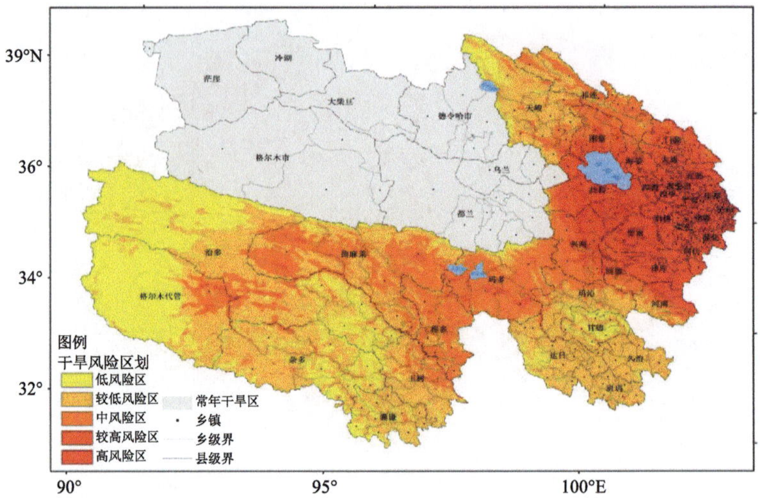

图 4　2020 年青海省春季干旱灾害风险预估

(五)森林草原火险

2019/2020 年冬春季青海省降水偏多,青南及海拔较高地区积雪融化较慢,森林草原火险相对较低。但随着春节的来临,燃放烟花爆竹等各种节庆活动较多,加之春季到来各地风力增大,仍易引发森林草原火灾。预计大通、互助、尖扎、湟中温度较高,积雪覆盖较少,为森林防火重点区。草原防火重点区主要是天峻、祁连、刚察、海晏及兴海、贵南、同仁等地区。

二、对策与建议

(1)2019/2020 年冬春季青海省降水偏多,果洛、玉树等地出现雪灾风险较高,建议相关部门及早部署,加强宣传,提高农牧民防灾意识,储备牲畜越冬饲料,增强抗灾保畜能力。

(2)东部农业区的低温冷害、全省性寒潮大风的高风险区域,农业区在过程期间应做好设施农业的防冻害工作;牧业区进一步强化温棚保暖设施的搭建及加固。

(3)阶段性短时积雪容易造成道路积雪结冰,交通管理部门需做好防范工作。

(4)春季东部农业区干旱风险较高,沿河水库做好调水管理工作,政府部门应积极采取措施,开展人工增雨作业,提高土壤含水量,确保春耕生产顺利进行。

(5)临近春节,东部地区燃放烟花爆竹易引发森林草原火灾,各地应结合实际,加强管控,防微杜渐。

延安建党百年庆祝系列活动期间气候特征分析

郑小华　蔡新玲　赵奎锋　吴国华

（陕西省气象台　2021年6月25日）

摘要：为做好建党百年庆祝系列活动气象保障服务工作，陕西省气象局在国家气候中心、国家气象中心的指导下，详细分析评估了延安和全省1951—2020年7月1日、6日主要气候特征和高影响天气气候概率。这里着重分析降雨、雷电、大风、冰雹、雾等高影响天气对重大活动举行、现场设施设备和转播安全、嘉宾出行、观众现场观看、电力通讯保障等的不利影响和潜在风险。分析结果表明：①延安7月1日出现降雨概率较高，出现小雨及以上等级降雨概率为42.9%，出现大雨及以上等级降雨的概率为7.1%；雷暴、闪电、雾、轻雾、冰雹、扬沙、霾、8级以上大风等高影响天气均有可能出现，雷暴和轻雾出现概率相对较高，分别为20.6%和21.4%。②延安7月6日出现降雨概率较高，出现小雨及以上等级降雨概率为35.7%，出现大雨及以上等级降雨的概率为2.9%；雷暴、闪电、冰雹、雾、轻雾和霾等高影响天气均有可能出现，其中雷暴和轻雾出现概率相对较高，分别为17.4%和25.7%；重要活动时段（18—22时）未出现35 ℃以上高温和6级以上大风，逐时次均有发生降水的可能，小时降水概率为4.6～10.8%，最大小时降水5.6毫米。③全省7月1、6日暴雨、高温、冰雹、大风、雷暴等高影响天气均有不同程度发生的可能，出现概率为14～35.7%。

建议：①加强延安活动期间高影响天气应对防范，同时全省其他地市也要做好灾害性天气的应对防范工作；②省、市政府组织实施人工影响天气作业的准备工作，减小不利天气对庆祝活动的影响；③针对活动期间嘉宾往返等交通出行做好风险防范应对工作。

陕西省气象部门将在中国气象局、国家气象中心、国家人工影响天气中心等大力指导支持下，举全省之力乃至全国之力做好庆祝活动气象保障服务工作，及时提供滚动的预报预警信息并开展现场综合服务保障，研判天气系统和降水性质、适时开展拦截式消减雨人工影响天气应急保障，积极做好全省防汛减灾、道路交通安全等气象服务，尽最大努力保障庆祝活动顺利举办。

一、1951年以来延安7月1日主要气候特征及高影响天气分析

（一）延安7月1日出现降雨概率较高

7月1日出现小雨及以上等级降雨概率为42.9%，出现大雨及以上等级降雨的概率为

7.1%，最大日降水量为38.9毫米，出现在1961年。1951—2020年7月1日无暴雨(表1)。

表1 1951—2020年延安7月1日各类强度降雨概率

小雨及以上次数/概率(%)	大雨及以上次数/概率(%)	暴雨(天)	最大日降雨量(毫米)
30/42.9	5/7.1	0/0	38.9

(二)延安7月1日出现雷暴概率相对较高

1951—2020年，延安7月1日出现过雷暴、闪电、雾、轻雾、扬沙、霾、8级以上大风，未出现过扬沙、浮尘，雷暴出现的概率高达20.6%(表2)。6级(10.8米/秒)以上风7次，日极大风速最大值19.5米/秒。2011年以来，7月初延安市宝塔区个别乡镇曾发生3次冰雹天气，均出现在午后或傍晚。

表2 1951—2020年延安7月1日各类高影响天气出现次数和概率

雷暴次数/概率(%)	闪电次数/概率(%)	雾次数/概率(%)	轻雾次数/概率(%)	扬沙次数/概率(%)	沙尘次数/概率(%)	霾次数/概率(%)	大风次数/概率(%)
13/20.6	1/1.4	1/1.4	15/21.4	2/2.9	0/0	2/2.9	3/4.2

(三)7月1日出现过6次高温，最高37.6℃

7月1日多年平均气温为23.3℃，平均最高气温为30.8℃，平均最低气温为16.8℃。出现过6次高温，最高37.6℃，极端最低气温12.2℃。

二、1951年以来延安7月6日主要气候特征及高影响天气分析

(一)7月6日出现降雨概率较高

7月6日出现小雨及以上等级降雨概率为35.7%，出现大雨及以上等级降雨的概率为2.9%，最大日降水量为49.5毫米(表3)。

表3 1951—2020年延安7月6日各类强度降雨概率

小雨及以上次数/概率(%)	大雨及以上次数/概率(%)	暴雨(天)	最大日降雨量(毫米)
25/35.7	2/2.9	0/0	49.5

(二)7月6日出现雷暴概率相对较高

1951—2020年，7月6日出现过雷暴、闪电、冰雹、雾、轻雾和霾，其中，雷暴出现概率相对较高，未出现扬沙、沙尘、8级大风天气；出现6级以上风3次，日极大风速最大值12.5米/秒(表4)。

表4 1951—2020年延安7月6日逐日各类高影响天气出现次数和概率

雷暴次数/概率(%)	闪电次数/概率(%)	冰雹次数/概率(%)	雾次数/概率(%)	轻雾次数/概率(%)	扬沙次数/概率(%)	沙尘次数/概率(%)	霾次数/概率(%)	大风次数/概率(%)
11/17.4	2/3.2	1/1.4	5/7.1	18/25.7	0/0	0/0	2/2.9	0/0

(三)7月6日仅出现4次高温天气,最高为35.8 ℃

延安7月6日多年平均气温为23.9 ℃,平均最高气温为30.9 ℃,平均最低气温为17.7 ℃。极端高温35.8 ℃,历史上出现过4次高温天气(1955年、1996年、2001年、2009年),极端最低气温12.2 ℃。

(四)7月6日重要活动时段(18—22时)延安逐时高影响天气发生概率

7月6日18—22时平均气温在24～29.4 ℃,未出现35 ℃以上高温和6级以上大风(表5);各时次均有发生降水的可能,小时降水概率为4.6%～10.8%,最大小时降水量5.6毫米(表6)。

表5 7月6日18—22时延安站各时次平均气温和极大风速

时段	平均气温(℃)	极端高温(℃)	平均风速(米/秒)	极大风速(米/秒)(出现年份)
18时	29.4	33.8	2.1	7.3(2016)
19时	28.4	32.6	2.1	7.3(2016)
20时	26.5	30.4	1.6	6.9(2016年)
21时	25.2	29.7	1.6	9.0(2019年)
22时	24.0	29.1	1.8	9.8(2019年)

表6 延安7月6日18—22时不同降水强度概率(单位:%)

降水量分级(毫米)	18时	19时	20时	21时	22时
(0,0.1]	4.6	1.5	3.1	0.0	3.1
[0.2,0.5]	3.1	0.0	3.1	1.5	0.0
(0.5,1]	1.5	3.1	1.5	1.5	4.6
(1,3]	0.0	1.5	3.1	0.0	0.0
≥3	0.0	0.0	0.0	1.5	0.0
小时降水概率	9.2	6.2	10.8	4.6	7.7
小时最大雨量(年份)	0.9(1974)	1.1(1994)	2.3(1964)	5.6(1964)	0.9(1964/1974)

三、全省7月1日、6日高影响天气出现概率

7月1日全省有16年出现过暴雨,出现概率为22.9%,其中,1973年范围最大(9县)。有10年出现过大范围(20站)高温天气,出现概率为14.3%,其中,2001年范围最大(52县)。有11年出现冰雹17站次,其中,2020年范围较大(宜君、丹凤、宁强3站)。有19年出现大范围(3站)大风天气,出现概率为27.1%,其中,1988年范围最大(23县)。有49年出现雷暴893站次,其中,27年出现较大范围(10站)雷暴,出现概率为38.6%,1970年范围最大(83县)。

7月6日全省有19年出现暴雨,出现概率为27.1%,其中,2011年范围最大(15县)。有16年出现过大范围(20站)的高温天气,出现概率22.9%,其中,2010年范围最大(63

县）。共有9年出现冰雹20站次，其中，1965年范围最大（6县）。有18年出现大范围大风天气（3站），出现概率为25.7%，其中，1990年范围最大（29县）。有54年出现雷暴780站次，25年出现了较大范围的雷暴天气（10站），出现概率为35.7%，其中，1994年范围最大（52县）。

四、应对与建议

（1）建议加强对延安高影响天气及全省灾害性天气的应对防范工作。建党百年纪念系列活动期间延安强对流天气多发，建议加强降雨天气应对工作，同时采取防雷、防风、防雹、防雾等措施，做好活动现场通信、电力、电视转播、交通等保障措施以及显示屏等户外设备的防雷仪器安装及检测，加固户外显示屏等设施设备。同时，由于7月上旬也是全省灾害性天气频发多发时段，一方面要做好延安庆祝活动现场的高影响天气应对工作，另外，陕西省其他地市也要做好气象灾害应急准备工作。陕西省气象部门将在国家气象中心等单位的指导支持下，举全省之力做好庆祝活动期间气象保障服务工作，派出气象专家支援延安市做好现场预报服务。

（2）建议省、市政府组织实施人工影响天气作业的准备工作。人工影响天气应急保障属于地方政府主导的气象事业。陕西省气象局和延安市气象局将积极寻求中国气象局减灾司和国家人工影响天气中心的协调指导，协调和调度周边省份和邻近地（市）飞机和地面作业力量，针对中等强度以下非系统性降水和非区域性冰雹等灾害性天气，提前组织编制人工影响天气保障实施方案，从组织机构、指挥体系、防线设计等进行全方位部署和论证。全力做好飞机和地面高炮、火箭人工影响天气跨区域协同作业预案和技术准备，尽最大努力减轻降雨、冰雹等高影响天气对活动的影响。

（3）建议针对活动期间全省防汛防灾减灾气象服务、嘉宾往返等交通安全出行做好风险防范应对工作。时值主汛期，气象防灾减灾工作须臾不可放松。活动期间对交通影响较大的气象灾害主要包括大雾、降雨、大风、高温等天气。G65包茂高速（西安市—三原县—铜川市—宜君县—黄陵县—洛川县—富县—甘泉县—延安市）遇有降雨时公路路面易出现路面积水，影响车辆制动性能，该路段还易出现阵性大风天气，早晨可能出现大雾天气，能见度降低，影响行车安全，需注意防范不利天气对交通安全的影响。从6月19日起陕西省气象局派专业技术团队进驻“陕西省恶劣天气道路交通应急处置指挥部”，参与恶劣天气道路交通安全应急会商，针对降雨、大雾、大风、强对流等高影响天气，面向省交通管理部门及社会公众发布交通高影响天气报告及全省高速公路交通影响预报。

河池市太阳能资源属“丰富”等级,开发利用潜力较大

谭佳勇[1] 丁美花[2] 罗永明[2] 莫益江[1]
(1.广西壮族自治区河池市气象局;2.广西壮族自治区气象科学研究所 2021年12月9日)

摘要:太阳能资源评估是光伏发电等太阳能资源开发利用的基础。利用FY-2系列气象卫星遥感资料及气象监测数据开展河池市太阳能资源评估结果表明:河池市太阳能资源属于“资源丰富”等级,稳定程度大部地区属于“较稳定”,太阳能资源存在空间和季节分布差异。全市太阳能年资源总量呈现从南到北逐渐减少趋势。建议根据河池市实际,加快光伏发电等太阳能资源开发利用,进一步完善河池市能源保障体系,并根据太阳能资源分布特征来规划项目产业布局和发展,同时开展气象因素对光伏发电影响的预报、服务研究及气候环境资源评估,确保能源供应平稳。

一、河池太阳能资源空间分布特征

太阳辐射是清洁、高效、可持续的“绿色能源”,太阳能资源评估是光伏发电等太阳能资源开发利用的基础,其开发利用是完善河池市能源保障体系、“建设生态秀美新河池”的重要手段之一,也是实现碳达峰、碳中和目标的重要途径。利用多年气象监测数据分析河池市太阳能资源分布,其结果表明:河池市各地年太阳辐射值为4027.1～4578.9兆焦/平方米,平均值为4275.2兆焦/平方米,按照太阳能资源丰富程度等级规定(附录A),属于“资源丰富”等级。从空间分布来看,河池市太阳能资源从南到北逐渐减少(图1),其中,大化和巴马大部、宜州局部太阳能资源最丰富,达到4500～4660兆焦/平方米;凤山、东兰、都安、宜州大部及金城江、罗城局部,太阳能资源丰富,为4300～4500兆焦/平方米;河池市光伏发电等太阳能资源开发利用及规划布局可以优先考虑上述地区。

二、河池太阳能资源月际变化特征

从太阳能资源月际变化来看,河池市太阳能资源最丰富的月份为8月,达到485.4兆焦/平方米,最少的月份为1月,为226.2兆焦/平方米(图2)。从各月太阳能资源空间分布来看,2—5月,河池市太阳能资源自东向西逐渐增多,可以优先考虑在西部县(区),开展水光互补发电项目,用于补充冬春枯水期的电力供应缺口;7—12月,太阳能资源自东南向西北逐渐减少,此时河池市太阳能资源丰富,可以充分开发利用;1月和6月太阳能资源空间分布自南向北逐渐减少。

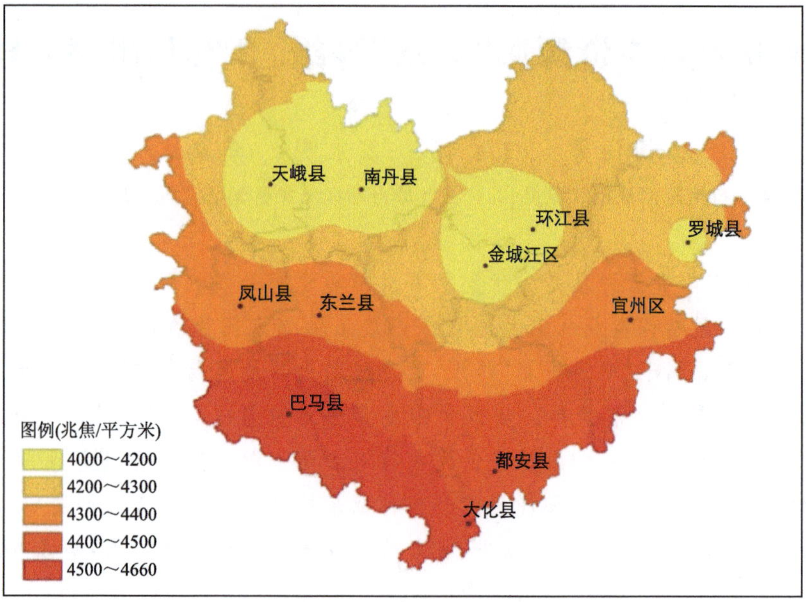

图1 河池市年太阳总辐射分布图

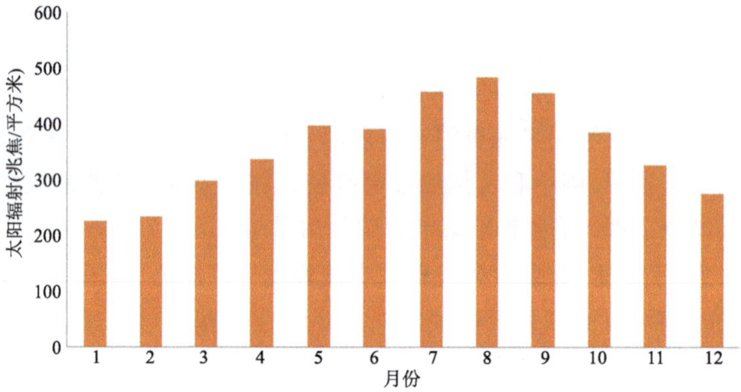

图2 河池市太阳辐射月际变化

三、河池市日照资源变化趋势

根据1960—2020年日照时数变化趋势，河池市大部县(区)日照时数逐年减少，说明太阳能资源总体呈减少趋势，其中，东兰、凤山、金城江、罗城、宜州等河池中部县(区)日照时数下降趋势最明显，每10年日照减少30～73小时(图3)；南丹、都安、天峨、巴马、环江等南、北部5县日照时数整体平稳或逐年减少，但总体下降趋势不明显(图4)。从气候变化的长远考虑，在中部县(区)开展太阳能资源开发利用的效益可能会逐年降低，而其他地区效益较为稳定。

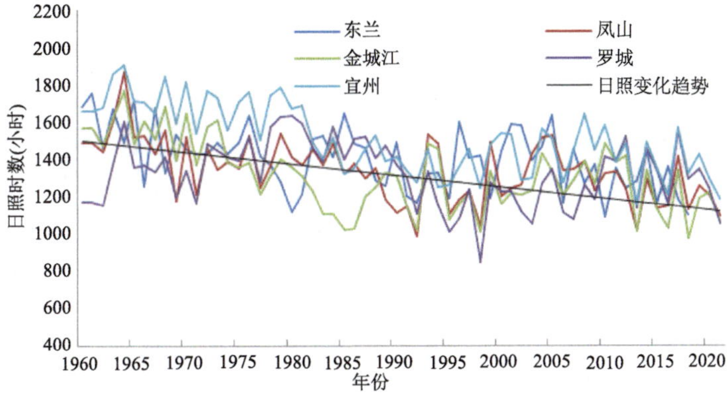

图 3　东兰、凤山等五县(区)日照年际变化

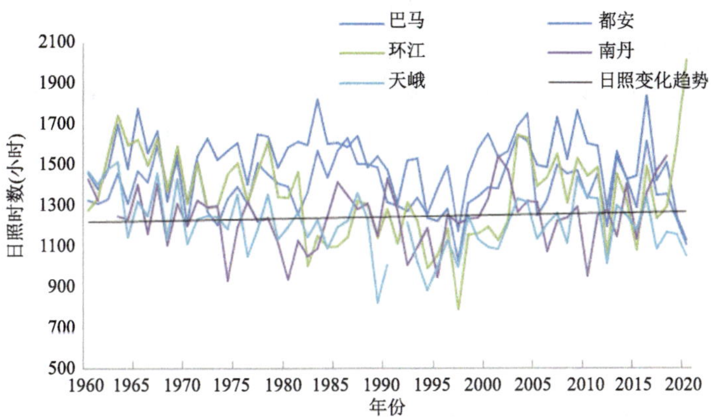

图 4　巴马、南丹等 5 县日照年际变化

四、河池市太阳能资源稳定程度评估

日照时数≥6 小时的天数是太阳能资源稳定程度(附录 B)评估的重要指标，该值越大说明该地区日照越充裕、越稳定，受天气变化影响越小，越有利于太阳能资源的开发利用。据统计，河池市各县(区)年日照时数≥6 小时的天数在 96.7～132.2 天(图 5)，其中，宜州、巴马 2 县(区)年日照时数≥6 小时的天数在 130 天以上。根据太阳能资源稳定程度指标，河池市大部属于“较稳定”程度。

五、建议

(1)河池市太阳能资源总体属于“资源丰富”等级，光伏发电等太阳能资源的开发利用潜力较大，在国家大力推进清洁能源开发利用的大背景下，建议加快河池市光伏发电等能源项目建设及引进，优化能源产业发展布局，建设形成风力发电、光伏发电、水力发电等多元化能源体系，为实现碳达峰、碳中和目标提供能源保障。

(2)河池市太阳能资源时空分布不均，存在空间和季节分布差异，同时气候变化大背景

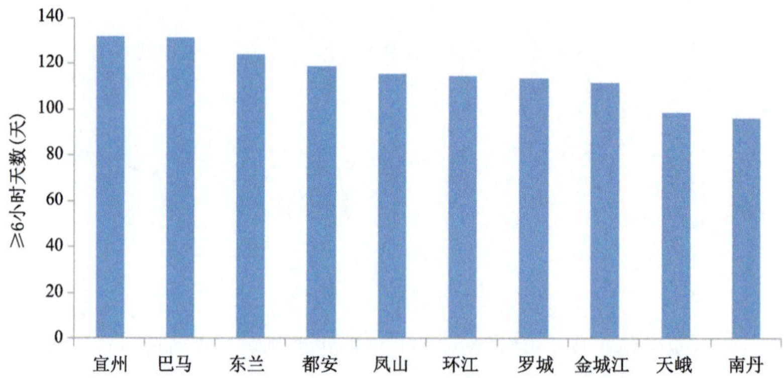

图 5　河池各县区平均年日照时数≥6 小时天数

下，各地太阳能资源变化趋势存在差异，建议开展光伏发电等太阳能资源开发利用时，做好产业布局和项目发展规划。

(3)高影响气象因素(多云、阴雨、高温等)对光伏发电站的发电量影响较大，建议加强相关预报预测技术研究及气候环境资源评估，确保用电调度和电力供应平稳，保证生产、生活用电。

附录 A 和附录 B 引自气象行业标准《太阳能资源评估方法》(QX/T 89—2008)。

附录 A

太阳能资源丰富程度等级规定：年太阳总辐射量≥6300 兆焦/平方米，属于“资源最丰富”，广西无此类地区；年太阳总辐射量 5040～6300 兆焦/平方米，属于“资源很丰富”；年太阳总辐射量 3780～5040 兆焦/平方米，属于“资源丰富”；年太阳总辐射量<3780 兆焦/平方米，属于“资源一般”。

附录 B

太阳能资源稳定程度：用各月的日照时数>6 小时天数的最大值与最小值的比值 K 表示，K 值越大，说明各月的日照时数>6 小时天数差距越大，太阳能资源越不稳定，其公式如下：

$$K=\frac{\max(\mathrm{Day}_1,\mathrm{Day}_2,\cdots,\mathrm{Day}_{12})}{\min(\mathrm{Day}_1,\mathrm{Day}_2,\cdots,\mathrm{Day}_{12})}$$

式中，$K<2$，“稳定”；K 在 2～4，“较稳定”；$K>4$，“不稳定”。

川藏铁路四川段灾害风险分析报告

郭海燕　徐金霞　刘佳　徐沅鑫　王春学　马振峰　周斌　卿清涛

（四川省气候中心　2020年1月7日）

摘要：气候变化影响因素是川藏铁路建设与运营均需考虑的重点问题。本报告深入分析了川藏铁路四川段沿线的气候特点、主要气象灾害风险以及未来气候变化对灾害影响，结果表明：川藏铁路四川段沿线气候复杂多变，气象灾害种类多，影响重；成都至雅安段应重点防范暴雨洪涝和山洪，尤其是盆地向川西高原地形快速爬升的区域需要重点关注；川西高原的康定至雅江沿线重点防范大风、雷暴、地质灾害、积雪、低温、冻土等影响。在全球变暖背景下，川藏铁路四川段气候背景上目前处于气温上升、短时强降雨强度增多时期，会造成蒸发量增大，地下水位下降，进而导致崩塌、滑坡、泥石流、地面沉降、冻土冻融等风险增大；未来铁路沿线日降水强度在天全、宝兴、芦山、邛崃、蒲江、名山等地普遍增大，发生滑坡、泥石流等地质灾害的可能增大；川藏铁路康定以西路段未来是冰川泥石流发生的重点区域，设计施工时应给予高度关注。

一、铁路四川段气候特点

（一）铁路四川沿线自然地理生态环境特征

川藏铁路起于四川成都西站，经成都市—雅安市—甘孜州，四川境内约650千米，途径成都平原，东西横穿横断山脉至川西高原，沿途翻越二郎山、折多山、高尔寺山等众多山脉；沿线跨越大渡河、鲜水河、雅砻江、金沙江等诸多河流。川藏铁路四川段位于印度洋板块和欧亚板块大规模碰撞挤压而隆升的青藏高原及其边缘地带，河流下切和高原侵蚀强烈，沿途山高谷深，地层岩石复杂多变、地形切割破碎，地震活动剧烈。

沿线东西横跨的甘孜州是青藏高原生态屏障、黄土高原—川滇生态屏障“两屏”的核心区域，是我国自然生态最完整、气候垂直带谱与动植物资源垂直分布最多的地区之一，是我国重要的天然物种基因库，也是世界高山带物种最丰富的地区之一。

（二）铁路四川段气候及主要气象灾害特点

川藏铁路四川段从东至西沿途各县主要分布有中亚热带湿润气候区（成都—雅安）、高原温带湿润气候区（康定—雅江）和高原温带半湿润气候区（理塘—巴塘—白玉）3种气候类型。成都至雅安一带年平均气温16.1 ℃，年平均降水量1125.3毫米，年平均相对湿度80%，年平均雷暴日数25.4天。该地区主要气象灾害为暴雨洪涝，位于四川盆地主要的暴雨区（青衣江暴雨区），年均暴雨日数达3.1天，雅安最多达6.5天，10分钟降水量极值平均为 28.2 毫米，名山最大为 38.3 毫米。

康定至雅江沿线年平均气温 11.3 ℃，年平均降水量 771.1 毫米，年平均相对湿度 65%。该地区主要气象灾害为大风、雷暴和低温冷害，年平均大风日数 48.5 天，雅江最多达 58.2 天；年平均雷暴日数雅江达 68.7 天，康定为 45.6 天。年平均≤0 ℃低温日数 119.8 天，康定最多达 125.1 天；年平均积雪日数 21.2 天，康定最多达 42.4 天。

理塘—巴塘—白玉地区年平均气温 8.2 ℃，年平均降水量 629.9 毫米，平均相对湿度 53%。该地区主要的气象灾害有大风、冰雹、雷暴和低温冷害，年平均大风日数 19.7 天，白玉最多达 32.6 天；年平均冰雹日数 8.8 天，理塘最多达 18.8 天；年平均雷暴日数 69.1 天，理塘最多达 70.9 天；年平均降雪日数 40.1 天，理塘最多达 83.7 天。

（三）铁路四川段未来 100 年气候变化特征

（1）气温以上升趋势为主。在 RCP2.6、RCP4.5 和 RCP8.5 三种不同排放情景下，预估 2020—2100 年铁路沿线年平均气温均呈持续上升趋势，增温速率为 0.19～0.33 ℃/10a，RCP2.6 情景下变化幅度最小，RCP8.5 情景下变化幅度最大。RCP8.5 情景下，康定以西地区在 21 世纪前期、中期和后期分别比常年偏暖 1.1～1.3 ℃、2.4～2.8 ℃和 4.2～4.6 ℃，康定以东地区在 21 世纪前期、中期和后期分别比常年偏暖 0.9～1.1 ℃、2.0～2.2 ℃和 3.4～3.6 ℃。RCP2.6 情景下最小，康定以西地区在 21 世纪前期、中期和后期分别比常年偏暖 1.1～1.5 ℃、2.0～2.4 ℃和 2.8～3.4 ℃，康定以东地区在 21 世纪前期、中期和后期分别比常年偏暖 0.8～0.9 ℃、1.8～2.0 ℃和 2.2～2.6 ℃。

（2）年平均降水呈上升趋势。在 RCP2.6、RCP4.5 和 RCP8.5 三种不同排放情景下，降水变化表现出一定的纬向分布特征，增加幅度由南向北增加。预估 2020—2100 年铁路沿线年平均降水将呈持续上升趋势，RCP8.5 情景下，康定以西地区在 21 世纪前期分别比常年偏多 5%，中期偏少 5%，后期偏少 5%～10%；康定以东地区在 21 世纪前期比常年偏少 10%，中期偏多 5%～10%，后期偏多 10%～15%。RCP2.6 情景下康定以西地区在 21 世纪前期比常年偏多 5%，中期偏多 10%，后期偏多 5%～10%；康定以东地区在 21 世纪前期和中期比常年偏多 10%，后期偏多 10%～20%。

（3）高温热浪增多。3 种情景下未来 21 世纪铁路沿线热浪指数（HWDI）将为显著的增加趋势，尤其是 21 世纪后半叶增加趋势更加显著。以 RCP4.5 情景为例，21 世纪初期，康定以西的增幅相对最大，平均为 10～12 天，康定以东增加 8～10 天。21 世纪中期，康定以西的增幅最大，平均为 30～40 天，康定以东增加 20～30 天。到了 21 世纪后期，康定以西的增幅达 50～60 天，康定以东增加 40～50 天。

（4）极端强降水增多。3 种情景下未来 21 世纪西南铁路沿线极端降水比例（R95T）与降水强度（SDII）均呈显著增加的趋势，尤其是 21 世纪后半叶增加趋势更为显著。以 RCP4.5 情景为例，21 世纪初期，极端降水比例康定以西增加相对大些，增加 4%～8%，康定以东增加 0～2%；21 世纪中期，康定以西增加 6%～8%，康定以东增加 4%～6%；21 世纪后期，康定以西增加 6%～8%，康定以东增加 4%～6%。21 世纪初期，铁路沿线降水强度（SDII）增加 0～0.2 毫米/天。21 世纪中期，增幅为 0.6～0.8 毫米/天；21 世纪后期，康定以西将增加

0.4～0.6 毫米/天；康定以东将增加 0.6～0.8 毫米/天。

二、铁路四川段主要气象灾害风险分析

（一）风的风险评估

根据川藏铁路四川段气象站点监测数据（1988—2017 年），成都到雅安大部分地区多年平均大风日数不足 1 天；康定—雅江沿线则属于大风多发区，康定多年平均大风日数为 38.9 天，雅江多年平均大风日数最高，为 58.2 天，主要出现在冬春季；理塘—巴塘—白玉地区多年平均大风日数依次增加，从 9.7 天增至 32.6 天。从极值来看，近 10 年川藏铁路沿线各地极大风速多出现在 2—8 月，川藏线四川段成都、雅安多数地区极大风速值在 20 米/秒量级，其中，蒲江、邛崃极大风速值为 26.8 米/秒，分别出现在 2006 年的 8 月 15 日，风向为 SSW 和 2007 年的 6 月 28 日，风向为 NW；川藏线四川段川西高原地区极大风速基本在 30 米/秒量级，极值出现在 2017 年 5 月 5 日理塘站，风向为 SSW，值达 31.2 米/秒。川藏线四川段高海拔区大风对铁路规划影响相对较大，项目选线与设计过程中应当予以重点考虑。

（二）暴雨洪涝灾害的风险评估

川藏铁路四川段暴雨洪涝高风险区主要分布在成都—雅安地区。2019 年 8 月 19—20 日，雅安市芦山县、宝兴县等地遭遇暴雨“攻击”，降水量最大值出现在芦山县大川镇，雨量达 201.6 毫米，受此影响，河水猛涨，山洪暴雨交通中断，部分村庄发生洪涝灾害，群众被困，农户房屋被淹，使当地社会经济损失严重。白玉、巴塘地区以及宝兴县部分地区属于暴雨洪涝低风险区，理塘、雅江大部以及康定、天全、芦山、大邑等部分地区属于暴雨洪涝较高风险区；其余地区属于暴雨洪涝较低风险区。整体来看由降水诱发的山洪多发区主要集中在成都—雅安地区，高原地区多因人口分布密度低，较多山洪灾害可能发生在无人区，历史灾害记录较少，而铁路建设多在无人地区施工，因此高原地区山洪灾害的发生也需要多加预防警惕。

（三）地质灾害的风险评估

据不完全资料统计，川西地区的泥石流沟约占全省泥石流沟总条数的 85%以上。泥石流沟主要分布在雅砻江、大渡河、岷江中下游泥石流带，其活动周期规律，基本与四川地区降水的周期变化特征相吻合，特别是与区域性大暴雨或特大暴雨洪涝灾害相一致，成都—雅安正好位于青衣江暴雨区，由暴雨引发的山洪、滑坡、泥石流等次生灾害更为频繁。川藏线成雅段（成都—雅安）地质环境总体相对稳定，激发滑坡灾害的前期有效雨量多在 25 毫米以上，统计川藏线成雅段多年降水数据，多年平均日降水量大于 25 毫米天数在 7～16 天，其中，雅安最高，天全、名山、芦山、蒲江次之，在 10 天以上；而川藏线康定以西甘孜等地滑坡灾害，对应的前期有效雨量较小，多在 10 毫米以上，多年平均日降水量大于 10 毫米天数约为 15～30 天，其中，康定最高，雅江次之，巴塘最低，川西高原因地质环境脆弱，少量降水也易激发灾害。

根据 1990—2014 年灾情资料统计，1990 年以来川藏铁路四川境内沿途 19 个县共发生有记录的地质灾害 982 起，灾害种类主要包括泥石流、滑坡、崩塌、地裂缝等，其中，泥石流灾害记录 213 起，滑坡灾害记录 584 起，崩塌灾害 173 起（存在泥石流、滑坡和崩塌灾害共同发

生的情况)，其余灾害 31 起。其中，2013 年受“7·9”特大暴雨过程影响，沿线区域灾害记录达到 335 起。川藏铁路四川境内部分较为典型的重大地质灾害有甘孜州康定县捧塔乡双基沟(金平电站绕坝公路 K3000 段)滑坡(2010 年)、成都崇州市鸡冠山乡竹根村 6 组梁家山沟泥石流(2011 年)、甘孜州泸定县海螺沟景区二号营地泥石流(2013 年)、雅安市宝兴县永富乡扑鸡沟泥石流(2013 年)、G318 线甘孜州雅江县境内河口镇相格宗村泥石流(2018)、四川甘孜康定市鱼通乡干沟村下索子沟花夹子大面积山体滑坡(2019)。

(四)雪灾的风险评估

川藏铁路四川段沿途各县多年平均降雪日数在 0.1～34.8 天，降雪多集中在 11 月至次年 3 月，其中，理塘县除 7 月无降雪外，其他各月均有降雪发生。降雪日最高值出现在甘孜州康定站，多年平均降雪日数为 34.8 天；最低值出现在成都市新津站，多年平均降雪日数不足 1 天。选取月最大雪深、积雪日数和雪灾重现期等自然属性因子构建川藏铁路四川段雪灾危险性评价体系，将月最大雪深≥2 厘米作为对铁路建设和安全运行产生影响的临界值。分析结果显示，1988—2017 年川藏铁路四川部分共发生 399 次不同程度的雪灾，30 年来总体上呈现减少趋势。其中，1989—1996 年雪灾发生频率较高，占 30 年雪灾总数的 35%，1991 年雪灾发生次数最多，为 25 次；2015 年为最少年，发生 6 次。川藏铁路成雅段雪灾发生次数排名前三地区分别为天全县、名山县和雅安市，基于观测资料的概率函数拟合结果显示，上述县(市)雪灾发生重现率在 23%～34%，出现概率接近 3 年一遇；川藏铁路四川段高原区域排名前三的分别为理塘县、康定市和白玉县，多年年平均雪灾次数分别为 9.8 次、9.5 次和 1.1 次，雪灾发生概率在 40%以上，占所有区域雪灾次数的 68%以上，为川藏铁路四川段雪灾高频区域中心。

当冬季平均气温低于－15 ℃，自然积雪黏聚力小时，会形成规模小、分布广的风吹雪，主要分布于川藏线折多山两侧，多出现于 11 月至次年 2 月，其中，康定、理塘、白玉三县(市)山垭口和山脊线区域风吹雪灾害较为严重，其境内 4000 米以上的山脊、垭口每年冬春季阴坡极易发生雪崩。多雪区域主要分布在贡嘎山一线，其中，海拔 4000 米以上区域年降雪量超过 300 毫米，海拔 5000 米以上区域超过 600 毫米。这里的季节性雪崩多发生冬季和春季融雪开始时期。灾害记录显示，1965 年 6 月泸定县境内贡嘎山海螺沟发生了一次大雪崩，崩塌量达到 200 万立方米，堆积体长 1.5 千米。1993 年 5 月康定市木格措也曾发生雪崩，造成 5 人死亡。

三、气候变化背景下铁路四川段未来气象灾害风险

(一)未来连续干旱日数增加

铁路沿线 21 世纪各阶段不同情景下连续干旱日数(CDD)相对于 1986—2005 年的变化分布显示：21 世纪 RCP8.5 情景下铁路沿线 CDD 表现为近期变幅相对较小，CDD 差值在－2～2 天；中远期变幅相对较大，CDD 差值在－3～3 天。而 RCP4.5 情景下 21 世纪各阶段 CDD 变幅差异不大。全球气候变暖背景下未来铁路沿线区域除青藏高原以外的大部分地区 CDD 增多，未来可能发展的旱情值得关注。另外，长时间干旱后出现旱涝急转现象极易

诱发滑坡、崩塌、泥石流等地质灾害，应在未来考虑加以防范。

(二)极端强降水增多，未来地质灾害可能性增大

铁路沿线21世纪各阶段不同情景下极端天气气候事件指数表现出一定的区域性差异，越到后期，高排放情景(RCP8.5)变幅越大，中排放情景(RCP4.5)变幅不明显。21世纪各阶段铁路沿线的宝兴、温江日降水量超过20毫米日数较其他地区增多明显，而沿线的巴塘、理塘、雅江日降水量超过20毫米日数较其他地区减少。日降水强度指数(SDII)普遍多于基准期，且越到后期，高排放情景(RCP8.5)增幅越大，中排放情景(RCP4.5)增幅放缓甚至减小。未来铁路沿线日降水强度在天全、宝兴、芦山、邛崃、温江、新津、蒲江、名山等地普遍增大，发生滑坡、泥石流等地质灾害的规模和影响可能增大。

(三)沿线冰川泥石流灾害增加

冰川退缩在提供大量水资源的同时，也为冰川泥石流等地质灾害的发生提供了物源条件。冰川泥石流灾害对气候变化的响应表现在气候变暖使冰川雪线上升，冰面污化面发育，反照率降低，冰面消融增加；融水增加，当发生强降水或极端高温事件时，冰川融水叠加强降水使得冰川泥石流的强度和破坏力剧增。在全球气温变暖的背景下，近50年来，青藏高原及其毗邻山区升温比较突出，而降水变化比较复杂，有增有减，总体在增加，但降水的增加不足以抵消升温对冰川的影响。冰川退缩规模和冰川消融强度普遍增加，导致了以冰雪融水补给的河川径流增加。随着山区温度的升高，冰川活动性加剧，加上局部地区的灾害性降水气候，青藏高原冰川泥石流暴发的频率、规模和泥石流沟将会急剧增加，冰川泥石流阻塞河川的现象也会更多地发生。因此，冰川泥石流将会是川藏铁路沿线的主流性地质灾害之一。川藏铁路康定以西路段未来是冰川泥石流发生的重点区域，设计施工时应给予高度关注。

(四)沿线土地冻融灾害增多

川藏铁路所在的青藏高原东缘连续多年冻土的分布下界为5316～6329米，不连续多年冻土的分布下界为4730～5743米。川藏铁路沿线区域多属于冻深小于1.0米的浅季节冻土，在川西高原地区，季节冻结层底面年平均温度与纬度，经度及海拔有较好的线性相关关系，其中，受海拔的影响最大。其基底温度大致从2.3～14.1 ℃，分布着长期稳定型季节性冻土(2～5 ℃)，稳定型季节性冻土(5～10 ℃)以及南方型季节性冻土(15～20 ℃)。根据资料，从泸定县(海拔3460米)到雅江县段，季节性冻土路段主要为高尔寺山山顶及其上下山的高山路段，冻深大约在0.5～1.0米。由于该路段以卵砾石为主，含水量小且地下水位低，故冻胀不明显。而雅江到理塘段地表水系发达，河流纵横交错，河流漫滩及阶地上的冲积土和洪积土黏粒成分较高，极易发生冻胀，给川藏铁路造成极大危害。

四、结论及建议

(一)结论

通过川藏铁路四川段气象要素风险分析发现，沿线的成都—雅安段应重点防范暴雨洪涝和山洪，尤其在盆地向川西高原地形快速爬升的区域需要重点关注；川西高原的康定—雅

江沿线重点防范大风、雷暴、地质灾害、积雪、低温、冻土等影响。川藏铁路四川段气候背景下目前处于气温上升、短时强降雨强度增多时期，会造成蒸发量增大，地下水位下降，进而导致崩塌、滑坡、泥石流、地面沉降、冻土冻融等风险增大，需要关注。

(二)建议

川藏铁路四川段大部处在川西高原地区，地形复杂，海拔高度变化大，气象观测站网稀少，对铁路建设和运营能提供有效支撑的气象数据较少，精细化气候背景及气象灾害的研究也很少，需要加强铁路气象保障服务能力建设。

(1)构筑铁路沿线气象灾害监测站网。铁路沿线气象监测站网东密西疏，针对铁路运营安全的气象监测站点布局尚未开展，需要开展铁路沿线气象站网布局设计研究，实现对铁路沿线，尤其是铁路重点工程建设区域、气象灾害多发区间的主要气象灾害的实时综合监测。

(2)开展铁路沿线的气象灾害监测和预报业务体系建设。构建铁路气象专业服务平台，研发精细化的铁路气象灾害监测和预报业务技术和系统，提高预报的精细度、预警时效和准确率，重点发展对重大工程建设、铁路设施维护和运输生产单位的气象灾害预警预报服务能力。

(3)提高铁路沿线气象灾害风险综合防范能力。川藏铁路建设其重要性和对气象因素的敏感性，对气象灾害的防御要求超出了现行规范的范围，要开展重大工程的气候可行性论证研究和关键气象参数技术研究，提高工程在选址、施工建设和运营期间的安全性和可靠性。

(4)建立合作机制，开展多部门的联合科研攻关。加强与铁路等部门的信息共享与科技研发，建立铁路气象灾害监测信息共享机制，联合开展铁路灾害监测预警技术联合攻关，提高铁路运行对极端天气的防御能力。